Johannes Stärk

Erfolgreich im Vorstellungsgespräch
und Jobinterview

Johannes Stärk

Erfolgreich im Vorstellungs- gespräch und Jobinterview

**Das Standardwerk
für Führungs- und Nachwuchskräfte**

Bibliografische Information der Deutschen Nationalbibliothek

Die Deutsche Nationalbibliothek verzeichnet diese Publikation
in der Deutschen Nationalbibliografie; detaillierte bibliografische
Daten sind im Internet über http://dnb.d-nb.de abrufbar.

ISBN 978-3-86936-440-7

Lektorat: Dr. Michael Madel, Ruppichteroth
Umschlaggestaltung: Martin Zech, Bremen I www.martinzech.de
Umschlagfoto: Yuri Arcurs/fotolia
Satz: Lohse Design, Büttelborn I www.lohse-design.de
Druck und Bindung: Salzland Druck, Staßfurt

www.gabal-verlag.de
www.facebook.com/Gabalbuecher
www.twitter.com/gabalbuecher

Inhaltsverzeichnis

Vorwort

Das Vorstellungsgespräch bzw. Interview ist das Personalauswahlverfahren, das mit Abstand am häufigsten eingesetzt wird. Wenn Sie als Bewerber zu einem klassischen Vorstellungsgespräch eingeladen werden, gehören Sie bereits zur engeren Auswahl – herzlichen Glückwunsch! Hinzu kommt: Immer öfter finden unternehmensinterne, sogenannte strukturierte Interviews statt, denen sich Führungs- und Nachwuchskräfte großer Unternehmen unterziehen müssen. Beide Situationen haben eines gemeinsam: Es geht um nichts Geringeres als Ihre Karriere und Ihr berufliches Fortkommen.

Dieses Buch richtet sich an Führungskräfte, Anwärter für eine Führungsposition und Potenzialträger, die sich darauf professionell vorbereiten möchten. Mein Anspruch ist, Ihnen zu vermitteln, wie Sie sich nicht nur kompetent und leistungsstark, sondern zugleich möglichst authentisch und glaubwürdig präsentieren.

Viel Spaß beim Lesen und natürlich viel Erfolg wünscht Ihnen

Ihr

Johannes Stärk

Teil A: Vorbereitung und Positionierung als Kandidat

1. Grundsätzliches zu Vorstellungsgesprächen und Jobinterviews

Das Vorstellungsgespräch bzw. Interview ist das am häufigsten eingesetzte Personalauswahlverfahren. Meist wird es eingebettet in einen ganzen Auswahlprozess, der um Testverfahren, Assessment-Center oder Arbeitsproben erweitert ist. Der Einsatz und Stellenwert solcher Module variiert in der Praxis stark – abhängig von der Branche, dem Arbeitgeber und der Position.

Dagegen ist das Vorstellungsgespräch als feste Größe in der Personalauswahl nicht wegzudenken. Kein Bewerber wird nur auf Basis seiner schriftlichen Bewerbung eingestellt, ausschlaggebend ist immer das (persönliche) Gespräch.

Persönliches Gespräch

Einsatzmöglichkeiten

Etabliert hat sich das Interview als wichtiges Instrument in der Personalentwicklung und der unternehmensinternen Personalauswahl. In Großunternehmen müssen Führungskräfte und Mitarbeiter, die eine höhere Position anstreben, üblicherweise erst ein internes Auswahlverfahren absolvieren. Im Rahmen eines Assessment-Centers – häufig anders deklariert – oder eines Interviews muss der Aspirant seine Qualifikation für eine bestimmte Hierarchieebene unter Beweis stellen.

Vielfach kommen die beiden Verfahren in Kombination zum Einsatz. Das Interview wird entweder als Modul in den Ablauf eines Assessment-Centers integriert oder es findet als vorgelagerte Qualifikationshürde statt. Darüber hinaus gibt es Potenzialinterviews oder Audits, die tatsächlich nur zum Ziel haben, das Potenzial des Stelleninhabers zu erfassen, ohne dass damit eine Laufbahnentscheidung verknüpft ist.

Erwartungs-haltungen klären Beim externen Bewerbungsprozess dient das Interview oder Vorstellungsgespräch nicht nur dazu, die Eignung eines Kandidaten zu überprüfen, sondern auch, um zu klären, welche Erwartungshaltungen es bezüglich der Eintrittskonditionen gibt. Gerade bei Führungspositionen ist es üblich, einen zweiten oder sogar dritten Gesprächstermin anzuberaumen.

Oft sind unterschiedliche Personen in die Auswahl involviert. Es könnte darum sein, dass das Erstgespräch ein Vertreter des Personalbereichs oder ein externer Personalberater führt – quasi als Vorauswahl – und beim zweiten Gespräch der künftige Linienvorgesetzte oder ein Entscheidergremium eingebunden ist.

Ein Folgetermin kann dazu dienen, die konkrete Ausgestaltung von Vertragsdetails und Konditionen abzustimmen, wenn man sich sonst grundsätzlich einig ist. Das Erstgespräch muss nicht zwangsläufig vor Ort stattfinden, es kann auch in Form eines Telefoninterviews oder per Videokonferenz geführt werden.

Interviewthemen und -varianten

Ein Interview kann zur Beurteilung der Qualifikation nur dann eine brauchbare Aussage liefern, wenn sich die Interviewthemen aus den anforderungsrelevanten Kriterien erschließen. Für Sie bedeutet das, dass Sie sich mit dem Anforderungsprofil für die Zielposition bzw. die Hierarchieebene auseinandersetzen sollten.

Tipp

Vollziehen Sie dazu einen gedanklichen Rollentausch. Überlegen Sie sich, welche Fragen Sie als Personalentscheider einem Bewerber stellen müssten, um die Erfüllung der Anforderungen beurteilen zu können.

Mit dieser Vorgehensweise können Sie sich bereits im Vorfeld eine ganze Reihe erwartbarer Interviewfragen erschließen.

Erfahrungsgemäß deckt ein Interview die folgenden Themenkomplexe ab, zu denen Sie im Teil B dieses Buches 203 häufig eingesetzte Fragen finden:

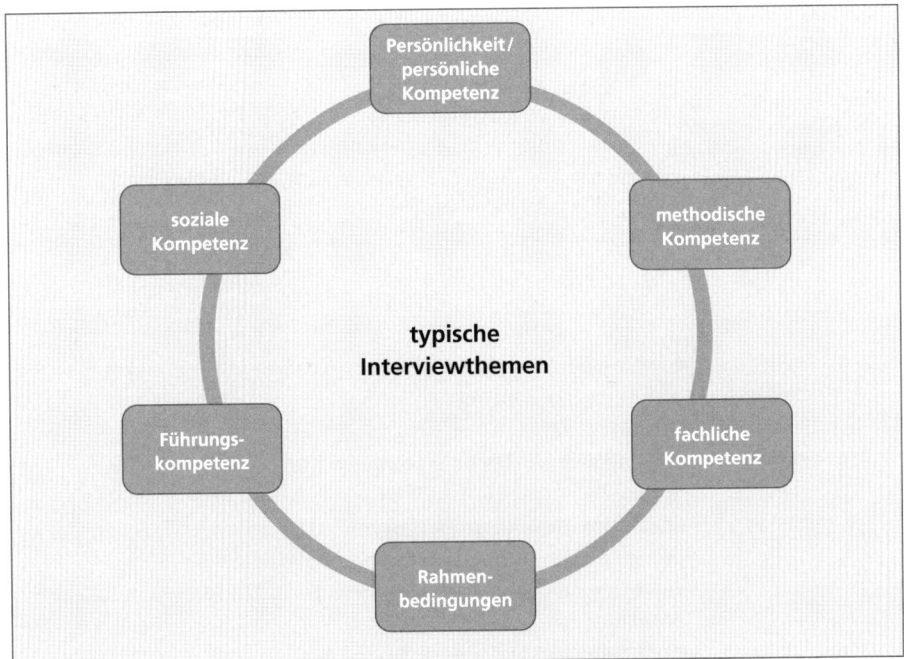

Findet das Interview im Rahmen eines internen Auswahlverfahrens zur Qualifizierung für eine bestimmte Hierarchieebene statt, ist das Themenspektrum begrenzter. Die Themenkomplexe „fachliche Kompetenz" und „Rahmenbedingungen" bleiben in der Regel außen vor. Die Rahmenbedingungen sind im eigenen Unternehmen abgesteckt. Die fachliche Kompetenz wird dem Kandidaten unterstellt und ist daher nicht mehr entscheidungsrelevant.

Hinsichtlich der Systematik, nach der die Interviewfragen abgearbeitet werden, lassen sich drei Interviewvarianten unterscheiden:

unstrukturiertes Interview	teilstrukturiertes Interview	vollstrukturiertes Interview
• Fragen werden eher sporadisch gestellt und ergeben sich aus dem Gesprächsverlauf oder dem Werdegang des Kandidaten • direkte Vergleiche der Kompetenzmerkmale unterschiedlicher Kandidaten kaum möglich • meist lockeres Gespräch in angenehmer Atmosphäre	• Interviewer fragen vorab definierte Themen ab • obligatorische Hauptfragen sind vorgegeben • Interviewer können nach eigenem Ermessen Rückfragen zu den Kandidatenantworten stellen • guter Vergleich unterschiedlicher Kandidaten möglich	• Interviewer folgen einem exakt definierten Fragenkatalog • keine Möglichkeit von dem vorgegebenen Schema abzuweichen bzw. individuell nachzufragen • sehr stringente/zeiteffiziente Interviewführung • Interviewführung wirkt wenig empathisch/eventuell Verhörcharakter

Teil- und unstrukturierte Interviews

Am häufigsten wird mit teilstrukturierten Interviews gearbeitet, unabhängig davon, ob es sich um ein externes oder internes Verfahren handelt. Sie bilden einen guten Kompromiss zwischen

- einer effizienten Interviewführung,
- der Vergleichbarkeit unterschiedlicher Kandidaten,
- einem angemessenen Eingehen auf das individuelle Kandidatenprofil und
- einer empathischen Gesprächsführung.

Unstrukturierte Interviews werden eher von Personen durchgeführt, die über wenig Interviewerfahrung verfügen, zum Beispiel von Fachvorgesetzten oder den Inhabern kleinerer Unternehmen – oder auch in Erstgesprächen, um herauszufinden, ob die Chemie stimmt.

Das vollstrukturierte Interview bietet die Möglichkeit, mit einem relativ geringen Zeitbudget das Vorhandensein bestimmter Standards zu überprüfen. Um die Individualität eines Kandidatenprofils herauszuarbeiten, ist es allerdings weniger geeignet, daher findet es bei der Auswahl von Führungskräften selten Anwendung. Sinnvoll einsetzen lässt es sich bei Telefoninterviews, die der Vorselektion dienen.

Typischer Ablauf

Das typische Vorstellungsgespräch bei einer externen Bewerbung läuft nach folgendem Schema ab:

1. Begrüßung / Warm-up
2. Vorstellung des Unternehmens, des künftigen Verantwortungsbereiches, der Position
3. Vorstellung des Bewerbers: „Bitte stellen Sie sich kurz vor."
4. Fragen an den Bewerber
5. Eingehen auf Rahmenbedingungen und Konditionen
6. Fragen des Bewebers an den Arbeitgeber
7. Ausblick zur weiteren Vorgehensweise, Zusammenfassung
8. Verabschiedung

Ein typisches Vorstellungsgespräch dauert im Durchschnitt zwischen 45 bis 60 Minuten. Den größten Zeitanteil nimmt dabei der Punkt 4, „Fragen an den Bewerber", als Kernstück des Gespräches ein. Das Gespräch kann von einem oder mehreren Interviewern geführt werden, oft trifft man auch auf ein Interviewertandem aus Personaler und Fachvorgesetztem.

Fragen an Bewerber: Kernstück

Interviews im Rahmen interner Auswahlverfahren beschränken sich weitgehend auf die Kandidatenbefragung. Dabei sind manchmal Beratungsnehmer als spezialisierte Dienstleister eingebunden. Die Interviewer sind in diesem Fall externe Berater – häufig Psychologen. Der Zeitumfang variiert stark. Kurzinterviews von 20 Minuten sind ebenso möglich wie Mammutinterviews, die sich über zweieinhalb Stunden hinziehen.

2. Anforderungen an überzeugende Antworten

Um in einem Interview zu punkten, sind inhaltlich fundierte Aussagen und plausible Argumente Voraussetzung. Konkrete Hinweise zur Beantwortung häufig gestellter Fragen finden Sie im Teil B dieses Buches. Hier möchte ich Ihnen zeigen, welche Aspekte für Sie darüber hinaus wichtig sind, damit Sie mit Ihren Antworten überzeugen. Was eine überzeugende Antwort ausmacht, zeigt die Grafik.

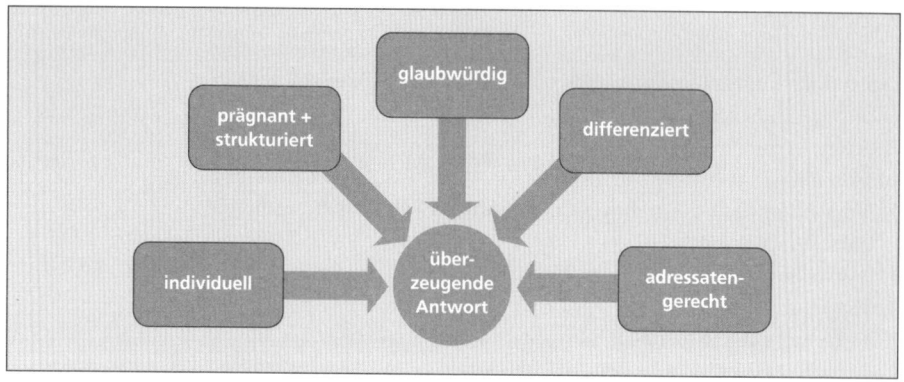

Merkmal 1: individuell

Verzichten Sie bei Fragen zu Ihrer Persönlichkeit auf substanzlose Worthülsen und Floskeln. Manche Kandidaten meinen, bei ihrer Selbstdarstellung das Anforderungsprofil punktgenau abbilden zu müssen. Sie formulieren dann wohlklingende, aber wenig aussagekräftige Schlagworte. Das Resultat ist das Bild eines stromlinienförmig angepassten, schwer einschätzbaren Kandidaten. Die Interviewer möchten nicht das Anforderungsprofil gespiegelt bekommen, das sie schon kennen. Vielmehr möchten sie „den Menschen dahinter" mit seinem individuellen Profil kennenlernen. Ein klar erkennbares Kandidatenprofil ist deutlich aussagekräftiger als ein retortenartig angepasstes. Darum bleiben Sie sich selbst treu.

Merkmal 2: prägnant und strukturiert

Bewerber mit einer gewissen Berufs- und Lebenserfahrung haben natürlich viel zu berichten. Manche neigen daher in Interviewsituationen zu Schilderungen in empirischer Breite und überfordern oder langweilen damit ihre Kommunikationspartner. Es liegt allerdings nicht in der Verantwortung der Interviewer, Ihre Aussagen auf den Punkt zu bringen. Dafür sind Sie zuständig. Erleichtern Sie Ihren Gesprächspartnern die Arbeit, sodass sie die entscheidenden Informationen erfassen können. Beschränken Sie sich auf das Wesentliche und antworten Sie klar und strukturiert. Selbst bei Themen, bei denen Sie weiter ausholen müssen, sollten Sie möglichst nie mehr als zwei Minuten Redezeit brauchen.

Merkmal 3: glaubwürdig

Ihre Antworten wirken dann glaubwürdig, wenn Sie sie mit konkreten Beispielen belegen können. Der Bezug zu erlebten Situationen ist in jedem Fall aussagekräftiger und vertrauensbildender als der Verweis auf hypothetische Szenarien. Greifen Sie deshalb so oft wie möglich auf reale Erfahrungen zurück und arbeiten Sie nur im Ausnahmefall – etwa wenn danach gefragt wird – mit hypothetischen Situationen.

Selbstverständlich sollen Sie sich in einer Interviewsituation von der besten Seite zeigen. Doch übertreiben Sie es mit dem Selbstmarketing nicht, das wirkt unseriös. Erheblichen Einfluss auf Ihre Glaubwürdigkeit hat Ihre übergeordnete Kommunikationsstrategie – also wie Sie den Interviewern gegenüber Informationen preisgeben. Leider vermittelt so mancher Bewerbungsratgeber den Eindruck, Tricksen, Tarnen und Täuschen sei der Schlüssel zum Erfolg im Vorstellungsgespräch. Davon kann ich Ihnen nur abraten, denn ein erfahrener Interviewer erkennt manipulative Taktiken recht schnell.

Und ist erst einmal der Eindruck entstanden, dass Sie die Absicht haben, Ihre Gesprächspartner hinters Licht zu führen, lässt sich dies nur schwer revidieren. Mit dem Verlust an Glaubwürdigkeit entwerten Sie von Vornherein alle nachfolgenden Aussagen, die von den Interviewern nun vermutlich umso kritischer analysiert werden.

Anspruchsvolle Fragen, beispielsweise zu Themen wie Motivation, Mitarbeiterführung oder Konfliktlösung, lassen sich mit einer allgemeingültigen Aussage oft nicht zufriedenstellend beantworten. Antworten Sie möglichst differenziert. Berücksichtigen Sie verschiedene Aspekte und Kriterien, nehmen Sie unterschiedliche Perspektiven ein, wägen Sie ab oder relativieren Sie konträre Interessen. Der Vorteil: Differenzierte Antworten zeugen von geistiger Flexibilität und persönlicher Reife im Umgang mit schwierigen Aufgaben. Vermeiden Sie deshalb Schnellschüsse bei der Beantwortung komplexer Fragestellungen – diese führen nur selten zu ausgereiften Antworten. Nehmen Sie sich einige Sekunden zurück, um die Frage noch einmal kurz reflektieren zu können, und antworten Sie durchdacht.

Merkmal 4: differenziert

Erkennen Sie schon an der Fragestellung, ob eine ausführliche oder eher eine kurze, knappe Antwort angemessen ist? Voraussetzung dafür sind eine gewisse Empathiefähigkeit, hohe Aufmerksamkeit im Gespräch sowie die Flexibilität, die eigenen Botschaften der jeweiligen Situation anzupassen. Das Gegenteil davon wäre ein sehr egozentrisches Kommunikationsverhalten. Der Kandidat ist dabei vor allem auf

Merkmal 5: adressatengerecht

seine Selbstdarstellung und die ihm wichtigen Inhalte fixiert, ohne die Belange der Gesprächspartner wahrzunehmen oder darauf angemessen zu reagieren. Und Achtung: Auswendig einstudierte Formulierungen können zu einem ähnlichen Eindruck führen, da sie die erforderliche Verhaltensflexibilität einschränken. Entscheidend ist deshalb, wie Sie sich vorbereiten. Dabei ist es kontraproduktiv, sich bestimmte Redewendungen anzutrainieren. Prägen Sie sich eher zu vorhersehbaren Themen Ihre inhaltlichen Botschaften ein, um sie im Gespräch unterschiedlich variieren zu können. Seien Sie im Interview stets präsent – es ist wichtiger, aufmerksam zuzuhören als bereits über den übernächsten Schritt nachzudenken.

3. Punkten mit der PAR-Technik

Bevor Sie erfahren, was es mit der PAR-Technik auf sich hat, möchte ich Ihnen Carmen Schäfer und Ralf Hildebrand vorstellen. Dabei handelt es sich um zwei Klienten, die von mir beraten und auf Interviewsituationen vorbereitet wurden. Antwortbeispiele dieser beiden Kandidaten begegnen Ihnen in diesem und in den nachfolgenden Kapiteln immer wieder.

Kandidatensteckbrief 1

Carmen Schäfer, 34 Jahre, Dipl.-Betriebswirtin
- Aktuell: seit eineinhalb Jahren Eventmanagerin bei einem großen Automobilhersteller, Unternehmenszugehörigkeit fünf Jahre
- Derzeitige Aufgabenschwerpunkte:
  - Projektleitung für interne und externe Events, wie Lieferantenmessen, Absolventenmessen, Produktforen, Fahrevents und Mitarbeitertage
  - Koordination von Agenturen und sonstigen Dienstleistern
  - Erstellen und Redigieren von Redaktionsbeiträgen für Broschüren und Magazine
  - Mitarbeit bei der Entwicklung von Kommunikationskonzepten
- Zielposition: Teamleiterin im eigenen Unternehmen
- Auswahlverfahren:
  - internes Potenzialbestätigungsverfahren, das mit einem Assessment-Center vergleichbar ist, und unter anderem ein anspruchsvolles Interview beinhaltet
  - Voraussetzung für die Bewerbung auf eine ausgeschriebene Teamleiterstelle: erfolgreiches Abschneiden im Potenzialbestätigungsverfahren

---

Kandidatensteckbrief 2

Ralf Hildebrand, 45 Jahre, Dipl.-Informatiker (FH)
- Aktuell: seit sieben Jahren EDV-Leiter eines mittelständischen Großhandelsunternehmens
- Derzeitige Aufgabenschwerpunkte:
  – Disziplinarische Leitung der EDV-Abteilung mit elf Mitarbeitern
  – Bereitstellung von IT-Dienstleistungen basierend auf effizienten und zukunftsorientierten IT-Infrastrukturen
  – Sicherstellen des laufenden IT-Betriebs und der Benutzerunterstützung
  – Entwicklung der IT- und Organisations-Strategie
  – Ausrichtung interner Prozesse auf zukunftsorientierte IT-Architekturen
  – Vertragsverhandlungen mit Hard- und Softwareanbietern
  – Erstellung von Projektplänen/-budgets und Abstimmung mit Geschäftsleitung, Projektlenkungsausschuss oder anderen Komitees
- Zielposition: IT-Leiter (Bereichsleiterebene) bei einem großen Dienstleistungsunternehmen (externe Bewerbung)
- Auswahlverfahren:
  – Stufe 1: Vorstellungsgespräch beim Personalleiter und einem Mitglied der Geschäftsführung
  – Stufe 2: Assessment-Center, unter anderem mit strukturiertem Interview durch externe Personalpsychologen

Möglichkeiten der PAR-Technik

Oft hört man den Slogan: „Bewerben kommt von werben!" Nehmen Sie ihn für Ihre Interviewvorbereitung bitte nicht allzu wörtlich. Denn typische Werbekampagnen beschränken sich leider allzu häufig auf markige Worte, Hochglanzverpackungen und verheißungsvolle Versprechungen. Sie sind daher kein Maßstab für einen erfolgreichen Bewerbungsprozess. Noch einmal: Natürlich will sich jeder Kandidat im Interview möglichst positiv darstellen. Viele nutzen dabei die wohlklingenden Schlagworte aus der Werbung. Bleiben diese bei genauerem Nachfragen jedoch als bloße Behauptungen oder substanzlose Worthülsen stehen, schadet sich ein Bewerber gleich in doppelter Hinsicht:

- Er beraubt sich der Möglichkeit, den Gesprächspartner von tatsächlich vorhandenen Kompetenzen und Erfahrungen zu überzeugen und
- er verspielt seine Glaubwürdigkeit.

Mit konkreten Beispielen Kompetenz belegen	Wer nicht in der Lage ist, seine Behauptungen anhand konkreter Beispiele und Erfahrungsberichte zu belegen, wirkt unseriös oder zumindest unprofessionell. Die Herausforderung in einem Interview besteht darin, die entsprechenden Begebenheiten und Fakten zugleich nachvollziehbar, kompakt und überzeugend zu vermitteln. Dazu eignet sich die PAR-Technik, bei der eine Aussage nach dem Schema Problem, Aktion, Resultat aufgebaut ist. Deutlich wird dies am Beispiel unserer Eventmanagerin Carmen Schäfer, die an einem internen Auswahlverfahren für die Teamleiterebene teilnimmt.

Frage:	„Wie tragen Sie zum Erfolg unseres Unternehmens bei?"
Antwort *Einleitung*	„Indem ich größten Wert auf die wirtschaftliche Durchführung der von mir verantworteten Events lege und immer versuche, über den Tellerrand hinauszuschauen.
Problem	Bei der Überprüfung eines externen Dienstleisters fiel mir auf, dass wir mit ihm einen sehr unflexiblen, nicht mehr zeitgemäßen Rahmenvertrag abgeschlossen haben. Dadurch sind wir verpflichtet, ein bestimmtes Mindestkontingent zu vergüten, das wir aber schon seit Monaten nicht mehr ausgeschöpft haben. Da der Dienstleister für mehrere Auftraggeber unseres Hauses arbeitet und der Betrag im Budget ohnehin fest eingeplant ist, ist das bisher niemandem aufgefallen.
Aktion	Auf meine Initiative haben wir eine neue flexible Vereinbarung geschlossen, mit der wir nicht mehr an ein Mindestkontingent gebunden sind.
Resultat	Alleine bei den von mir verantworteten Events konnten wir dadurch im letzten Quartal 2.000 Euro einsparen. Teamübergreifend werden wir nun alle Verträge mit externen Partnern überprüfen und erwarten dadurch ein beträchtliches Einsparpotenzial."

Es ist denkbar, einen einzigen PAR-Spot als Antwortschema für diverse Fragen zu nutzen. So könnte die Kandidatin das hier dargestellte PAR-Beispiel zum Thema „Rahmenvertrag mit externen Dienstleistern" auch bei der Beantwortung folgender Fragen einbinden:

- Auf welche Leistungen in den letzten zwölf Monaten sind Sie besonders stolz? (Frage 45, S. 87)
- Was bedeutet für Sie unternehmerisches Denken? (Frage 103, S. 112)
- Wie tragen Sie in Ihrem Verantwortungsbereich zur Umsetzung unserer Unternehmensstrategie bei? (Frage 106, S. 113)

- In welchen Situationen haben Sie schon einmal proaktiv Veränderungen angestoßen? (Frage 121, S. 118)
- Wie würden Sie Ihren Arbeitsstil beschreiben? (Frage 187, S. 149)

Natürlich müsste die Einleitung entsprechend variieren, damit Sie auch wirklich zur jeweils gestellten Frage passt.

Hier ein weiteres Beispiel, das Ihnen den Einsatz der PAR-Technik verdeutlicht, diesmal anhand einer Frage, die unserem externen Bewerber für die Position eines IT-Leiters – Ralf Hildebrand – gestellt wurde.

Frage:	„Was war Ihre letzte unpopuläre Entscheidung, die Sie treffen mussten, und wie sind Sie damit umgegangen?"
Antwort	
Einleitung	„Ich habe einem Mitarbeiter die Verantwortung für ein Projekt entzogen, worüber er natürlich überhaupt nicht begeistert war.
Problem	Es verdichteten sich immer mehr Anzeichen, dass der Mitarbeiter, den ich mit der Leitung des Projektes Kundendatenbank betraut hatte, damit überfordert war. Mehrere Gespräche mit ihm brachten keine sichtbare Besserung, das Projekt drohte fast zu kippen.
Aktion	Ich habe daraufhin entschieden, dem Mitarbeiter die Projektverantwortung zu entziehen und sie einem Kollegen zu übertragen. Im Vieraugengespräch habe ich dem Mitarbeiter den Sachverhalt mitgeteilt und meine Entscheidung begründet.
Resultat	Durch den Austausch des Projektverantwortlichen habe ich sichergestellt, dass das Projekt Kundendatenbank erfolgreich abgeschlossen wurde. Der Mitarbeiter wirkte zwar zunächst frustriert, hat sich aber mit der Entscheidung abgefunden. Später hat der Mitarbeiter eingesehen, dass er noch nicht so weit war und die Entscheidung sowohl für das Projekt als auch für ihn selbst der bessere Weg war."

Dieses PAR-Beispiel könnte der Kandidat ebenfalls einsetzen, um auf die folgenden Interviewfragen zu reagieren:

- Was war Ihr letzter großer Fehler? (Frage 48, S. 88)
- Wie haben Sie eine Konfliktsituation, in die Sie involviert waren, gelöst? (Frage 83, S. 103)
- Beschreiben Sie eine Situation, in der Sie ein schwieriges Problem zu lösen hatten. Wie sind Sie dabei vorgegangen? (Frage 113, S. 115)

- Wie kommunizieren Sie unbeliebte Maßnahmen und Entscheidungen an Ihre Mitarbeiter? (Frage 143, S. 129)
- Wie gehen Sie vor, wenn Sie mit der Leistung eines Mitarbeiters unzufrieden sind? (Frage 146, S. 130)
- Wie können Sie kritische Führungssituationen konstruktiv und kompetent gestalten? (Frage 158, S. 136)

Mehrere Einsatz-möglichkeiten

Wenn Sie ein bestimmtes Beispiel nach PAR entwickelt haben, können Sie es für die Beantwortung unterschiedlicher Interviewfragen verwenden. Natürlich sollte dabei die Gewichtung konkreter Inhalte je nach Fragestellung variieren. Wird etwa nach der Kommunikation unbeliebter Maßnahmen und Entscheidungen gefragt, legen Sie den Schwerpunkt auf die konkrete Vorgehensweise im konkreten Mitarbeitergespräch. Bei der Frage nach dem letzten großen Fehler jedoch lenken Sie die Antwort mehr in die Richtung Fehleranalyse und die daraus resultierende Lernerfahrung. Der Fehler war in diesem Falle, dass der Kandidat – Ralf Hildebrand – zunächst einem Mitarbeiter die Projektleitung übertragen hatte, der der Aufgabe nicht gewachsen war. Die Lernerfahrung lautete daher, bei der Auswahl des geeigneten Mitarbeiters künftig andere Maßstäbe anzulegen.

Übrigens: Konkrete Antworthinweise zu den einzelnen Fragen finden Sie in Teil B.

Beliebt bei Pressesprechern und Politikern

Bei PAR handelt es sich um eine Technik, die sowohl bei Pressesprechern als auch bei Politikern weit verbreitet ist, doch nicht jeder wendet diese professionell an. Ich erinnere mich in diesem Zusammenhang an eine Talkshow, in der der Moderator einen bekannten Politiker so in der Runde begrüßte: „Zu Gast ist heute ein Mann, dem der Ruf vorauseilt, dass er immer auf die gleiche Antwort kommt, ganz egal, welche Frage man ihm stellt."

Kommt Ihnen so etwas bekannt vor? Wahrscheinlich fallen Ihnen gleich mehrere Politiker ein, auf die dies zutrifft. Dieser Eindruck darf bei Ihnen selbstverständlich nicht entstehen. Stützen Sie sich bei jeder zweiten Frage auf dasselbe PAR-Beispiel, vermitteln Sie den Eindruck eines sehr begrenzten Erfahrungsschatzes. Auch wenn es – wie bereits dargestellt – möglich wäre, mit einem bestimmten Beispiel eine Reihe von Fragen zu beantworten, sollten Sie denselben PAR-Spot nicht öfter als zweimal bemühen.

Damit Sie professioneller agieren als jener Politiker, der auf jede Frage die gleiche Aussage sendet, benötigen Sie ein breit angelegtes PAR-Portfolio, also einen Baukasten mit vorab entwickelten Beispielen. So können Sie differenziert reagieren und Ihre Antworten situationsgerecht kombinieren.

Zur Vorbereitung auf ein Interview empfehle ich Ihnen zwei bis drei PARs für jedes der folgenden Themen zu entwickeln:

• Konflikt im Team (als hierarchisch Gleichgestellter)
• Organisation und Planung
• Kundenorientierung
• Aneignung neuer Fähigkeiten
• Gestaltung von Veränderungen
• fachliche oder technische Problemlösung

Als Führungskraft oder Nachwuchsführungskraft sollten Sie zusätzlich zwei bis drei PARs zu den folgenden Themen vorbereiten:

• Konflikt im Team (Perspektive der Führungskraft)
• Mitarbeitermotivation
• Delegation von Aufgaben
• Leistungsdefizite bei Mitarbeitern
• schwierige Führungsentscheidungen
• unpopuläre Maßnahmen

Wenn Sie die PARs zu den hier dargestellten Punkten für sich erarbeitet haben, decken Sie damit schon einmal ein breitgefächertes Themenspektrum mit konkreten Beispielen ab. Setzen Sie sich außerdem mit dem Anforderungsprofil für Ihre Zielposition und den dort definierten Anforderungskriterien auseinander und entwickeln Sie auch für diese entsprechende PARs. Sie können dafür die auf der CD-ROM enthaltenen Vordrucke nutzen.

Insgesamt sollten Sie mindestens 20 PARs entwickeln, um für die Beantwortung diverser Interviewfragen über eine ausreichende Anzahl unterschiedlicher Beispiele zu verfügen – je mehr, desto besser. Die Entwicklung der PARs hat weitere positive Effekte: Betrachten Sie sie als

20 PARs entwickeln

eine Art Bilanz Ihres bisherigen beruflichen Wirkens, mit der Sie sich Ihre Leistungen und Erfolge noch einmal ganz bewusst machen. Ich verspreche Ihnen: Sie werden erstaunt sein, was Sie bisher alles geleistet und bewegt haben! Vielleicht entdecken Sie in diesem Zusammenhang auch Besonderheiten Ihres Arbeitsstils, die Ihnen so noch gar nicht bewusst waren.

In einem Bewerbungs- oder Auswahlverfahren können Sie die PAR-Technik vielfältig einsetzen. Nutzen Sie PAR

• für Formulierungen in Ihren Bewerbungsunterlagen,
• zur Beantwortung diverser Interviewfragen,
• bei der Entwicklung einer Selbstpräsentation oder
• bei der Entwicklung eines 90-Sekunden-Spots (siehe S. 168).

PAR ist eine Kommunikationstechnik, um Leistungen, Erfolge und Stärken zu belegen. Dies setzt voraus, dass Sie diese für sich klar definiert haben. Wie Sie bei der Definition Ihrer Stärken konkret vorgehen können, erfahren Sie im Kapitel „Die STÄRKen-Strategie: Der professionelle Umgang mit Stärken und Schwächen" (S. 25).

Aufbau eines PAR-Spots

Das Grundprinzip, nach dem ein PAR-Spot aufgebaut wird, ist denkbar einfach. Nachdem Sie kurz auf das zugrundeliegende Problem eingegangen sind, stellen Sie ausführlich Ihre Aktion, also Ihr Konzept zur Problemlösung, vor. Danach zeigen Sie das Resultat Ihres Lösungsansatzes auf. Die drei Schritte Problem – Aktion – Resultat müssen Sie nicht bei jedem Beispiel wörtlich umsetzen. Eventuell passt eine der in der folgenden Übersicht dargestellten Alternativen besser als Beschreibung für den jeweiligen Schritt.

PAR-Schritte	Alternativbezeichnungen	Umsetzung
Problem	• Aufgabe • Herausforderung • Schwachstelle • Optimierungsbedarf • Ausgangssituation • Soll-Ist-Abweichung	Wählen Sie eine Aufgabe, die kompakt vermittelbar und auch für einen fachfremden Interviewer gut nachvollziehbar ist. Vermeiden Sie den Eindruck von Banalität, stellen Sie also keine Problemchen dar, dessen Bearbeitung zu Ihren selbstverständlichen Routineaufgaben zählt. Um die Bedeutung des Themas bzw. den herausfordernden Charakter zu unterstreichen, dürfen Sie ruhig die Ausgangssituation ein wenig überzeichnen.
Aktion	• Maßnahmen • Verbesserungsvorschläge • Vorgehensweise • Lösungsweg • Entscheidung	Sellen Sie die von Ihnen initiierten Maßnahmen zur Problemlösung dar. Arbeiten Sie dabei mit Ich-Formulierungen und aktiven Formulierungen. Damit vermitteln Sie den Eindruck einer proaktiven zupackenden Persönlichkeit – Beispiele dafür finden Sie im nächsten Infokasten.
Resultat	• Ergebnis • Auswirkungen • Konsequenzen • Feedback vom Auftraggeber • Bedeutung für das Unternehmen	Zeigen Sie das Ergebnis bzw. die bewirkte Verbesserung auf. Verdeutlichen Sie dies – sofern möglich – anhand konkreter Zahlen, Daten oder Fakten.

Beispiele für aktive Formulierungen
... habe ich ...

abgeschlossen	bereinigt	entwickelt	geplant
abgestellt	bereitgestellt	erarbeitet	geschaffen
aktiviert	beschleunigt	errichtet	gesenkt
analysiert	betrieben	ersetzt	gesteigert
angeleitet	bewegt	erstellt	gewährleistet
angestoßen	bewilligt	evaluiert	gewonnen
antizipiert	bewirkt	erweitert	hervorgehoben
arrangiert	delegiert	flexibilisiert	improvisiert
aufgebaut	dereguliert	forciert	initiiert
aufgezeigt	durchgeführt	gefördert	konsolidiert
ausgerollt	einbezogen	gefordert	konzipiert
ausgetauscht	eingegrenzt	geführt	koordiniert
ausgeweitet	eingeleitet	gegründet	korrigiert
begonnen	eingespart	geleitet	lanciert
beleuchtet	entschieden	genehmigt	modernisiert

Beispiele für aktive Formulierungen ... habe ich ...			
motiviert	rekonstruiert	überzeugt	verstärkt
optimiert	revidiert	umgestaltet	verwertet
organisiert	sichergestellt	umgewandelt	vollendet
priorisiert	strukturiert	verändert	vorangetrieben
produziert	terminiert	veranlasst	vorgeschlagen
programmiert	transferiert	verbessert	vorgesehen
rationalisiert	überarbeitet	verdeutlicht	vorgestellt
reaktiviert	übersetzt	verdichtet	zusammengefasst
reduziert	übertroffen	verdoppelt	zusammengestellt
reguliert	überwacht	vermittelt	

Je aktueller, desto besser

Nutzen Sie für Ihre PAR-Spots vor allem aktuelle Erlebnisse aus Ihrer derzeitigen oder vorherigen Position, die höchstens eineinhalb Jahre zurückliegen sollte. Der Vorteil: Zeitnahe Beispiele belegen, dass Sie jetzt Verantwortung tragen, aktuelle Erfolge vorzuweisen haben und sich beruflich auf der Höhe der Zeit befinden. Dies schließt nicht aus, einzelne PARs zu entwickeln, die sich auf länger zurückliegende Ereignisse beziehen, wenn Ihnen diese wirklich wichtig erscheinen.

PAR schriftlich ausarbeiten

Um die Methodik zu verinnerlichen, sollten Sie die ersten PAR-Spots vollständig schriftlich ausformulieren. Nutzen Sie hierfür die Vordrucke auf der CD-ROM. Achten Sie dabei auf eine griffige Darstellung. Bedenken Sie, dass Sie keinen schriftlichen Bericht, sondern eine verbale Aussage entwerfen. Wenn Sie ein wenig Übung haben, reicht es später aus, die PAR-Spots stichpunktartig zu skizzieren. Ihr PAR sollte bei normalem Sprechtempo nicht länger als eine Minute sein. Wenn Sie mit der einminütigen Fassung Ihres PAR-Spots zufrieden sind, leiten Sie daraus am besten noch eine Kurzversion ab:

- Kurzversion PAR 1: „Ich habe den Anstoß dafür gegeben, die Rahmenvereinbarungen mit unseren externen Dienstleistern zu überarbeiten. Alleine bei den von mir verantworteten Events konnten wir im letzten Quartal 2.000 Euro einsparen."
- Kurzversion PAR 2: „Da sich unser Projekt Kundendatenbank sehr kritisch entwickelte, übertrug ich die Leitung an einen anderen Mitarbeiter. Durch den Austausch des Projektverantwortlichen habe ich sichergestellt, dass das Projekt erfolgreich abgeschlossen wurde."

Mit der Kurzversion sind Sie in der Lage, die Kernbotschaft Ihres PAR-Spots in ein bis zwei Sätzen auf den Punkt zu bringen. Hatten Sie im Interview bereits Gelegenheit, die Langversion zu vermitteln, und werden zu einem späteren Zeitpunkt gebeten, eine Zusammenfassung bestimmter Arbeitsergebnisse zu liefern, sollten Sie die Kurzversion einsetzen.

Gehen Sie bei der Entwicklung eines PAR-Spots folgendermaßen vor:

1. Auswahl des Themas, zum Beispiel Organisation und Planung

2. Schriftlicher Entwurf der Langversion anhand der drei Schritte Problem, Aktion, Resultat (Länge: maximal eine Minute)

3. Selbstreflexion: Welche weiteren Kompetenzen oder Schlüsselqualifikationen können aus dieser Arbeitssituation abgeleitet werden?

4. PAR-Spot frei vortragen und bei Bedarf anpassen

5. Kurzversion formulieren: Kernbotschaft in ein bis zwei Sätze packen

6. Arbeitstitel: Ordnen Sie dem PAR-Spot einen passenden Arbeitstitel zu, zum Beispiel „Rahmenvereinbarung". Dadurch wird der Spot für Sie einprägsamer und leichter abrufbar.

4. Die STÄRKen-Strategie: Der professionelle Umgang mit Stärken und Schwächen

In meiner über zehnjährigen Tätigkeit als Karrierecoach habe ich festgestellt, dass es die meisten Klienten als ungeheuer schwierig empfinden, ihre Stärken und Schwächen angemessen darzustellen. Ich habe daraufhin eine Vorgehensweise entwickelt, die es Kandidaten ermöglicht, mit dem Thema Stärken und Schwächen im Interview professionell umzugehen. Da der Arbeitstitel des Themas auch noch zufällig mit meinem Nachnamen verwandt ist, wurde daraus die STÄRKen-Strategie.

Sie haben gerade mit PAR eine wirkungsvolle Möglichkeit für die Beweisführung bei Ihren Botschaften kennengelernt. Es handelt sich um eine Kommunikationstechnik, die Sie in einem Interview bei einer Vielzahl von Fragen anwenden können. Auch bei der Beantwortung der Fragen nach Ihren Stärken und nach Ihren Schwächen werden Sie von der PAR-Technik profitieren.

Umgang mit den Stärken

Obwohl es sich bei den Stärken um ein Positivthema handelt, erlebe ich viele Bewerber, denen die Beantwortung dieser Frage Schwierigkeiten bereitet. Im Karrierecoaching konnte ich drei Hauptursachen dafür identifizieren:

Schwierigkeiten im Umgang mit Stärken

- *Ursache 1:* Persönliche Einstellung nach dem Motto „Eigenlob stinkt". Manche Menschen empfinden es als unangemessen oder unangenehm, Dritten gegenüber die eigenen Vorzüge darzustellen. Sie möchten damit den Eindruck der Selbstüberschätzung oder Anmaßung vermeiden.
- *Ursache 2:* Mangelnde Selbstreflexion. Manchmal sind sich Kandidaten ihrer Stärken nicht bewusst, da sie sich damit noch nie ernsthaft auseinandergesetzt haben.
- *Ursache 3:* Kopieren eines vermeintlichen Idealprofils. Sehr viele Bewerber folgen bei der Definition ihrer persönlichen Stärken in erster Linie dem gewünschten Anforderungsprofil, anstatt die Stärken bei sich selbst zu suchen. Das Resultat ist das Bild eines stromlinienförmig angepassten Kandidaten, der größte Mühe hat, seine Persönlichkeit hinter einer Fassade zu verbergen, und sich in dieser Rolle oft unwohl fühlt.

Antworten auf die Frage nach Stärken hören sich dann manchmal so an:

Beispiel

„Sie werden verstehen, dass ich mir nicht anmaßen möchte, mich selbst zu beurteilen, das möchte ich lieber anderen überlassen. Dazu sollten Sie lieber meinen Chef oder meine Kollegen befragen."

Diese Aussage deutet auf mangelndes Selbstbewusstsein oder zumindest falsche Bescheidenheit hin – und damit auf Ursache 1. Ein Kandidat mit einer gewissen Berufs- und Lebenserfahrung muss in der Lage sein, sich und seine Stärken selbst zu vertreten, anstatt auf Dritte zu verweisen. Hinterfragt man die Antwort, stößt man auch auf Ursache 2. Gelegentlich versuchen unvorbereitete Bewerber mit dieser Understatement-Taktik davon abzulenken, dass sie sich mit diesem Thema schlichtweg nicht auseinandergesetzt haben. Als Kandidat erweisen Sie sich in beiden Fällen keinen Gefallen.

„Meine Stärken sind Teamfähigkeit, soziale Kompetenz, Ehrlichkeit, Durchsetzungsfähigkeit und Toleranz."

Antworten, die sich so oder zumindest so ähnlich anhören, begegne ich sehr oft. Insbesondere die ersten beiden Nennungen „Teamfähigkeit" und „soziale Kompetenz" werden vielfach bemüht. Auch wenn die Antwort im ersten Moment recht positiv klingen mag, ist sie dennoch wenig aussagekräftig. Denn der Kandidat belegt sie nicht. Die PAR-Technik, die zum Ziel hat, Aussagen mit Beispielen zu verdeutlichen, fehlt hier gänzlich.

Idealprofil: nicht kopieren

Selbst auf Nachfrage gelingt es bei diesen Stärken den wenigsten Kandidaten, überzeugende Beispiele zu liefern. In vielen Stellenanzeigen und Unternehmensleitbildern wird mit dem wohlklingenden Schlagwort „Teamfähigkeit" gearbeitet. Was liegt also näher, als daraus eine persönliche Stärke zu formulieren – wobei wir bei Ursache 3, dem Kopieren eines vermeintlichen Idealprofils, angelangt wären. Kein halbwegs vernünftiger Kandidat würde sich in einem Interview die Teamfähigkeit absprechen lassen, wenn diese als Mindestanforderung erwartet wird. Aber muss es sich dabei denn automatisch um eine persönliche Stärke handeln, nur weil eine Selbstverständlichkeit erfüllt ist?

Daran scheitert dann in der Regel auch das Beispiel – nämlich konkret zu belegen, inwiefern nun die Teamfähigkeit über das normale Maß hinaus als eine ganz besondere persönliche Stärke ausgeprägt ist. Gelingt es dennoch, ist der Widerspruch zur Durchsetzungsfähigkeit so gut wie vorprogrammiert. Mit der Ehrlichkeit und Toleranz, mit der unvorbereitete Kandidaten (Ursache 2) zu punkten versuchen, ist es ähnlich wie mit der Teamfähigkeit: Mindeststandards als Stärken auszulegen erweist sich als mühsames Unterfangen.

Bleibt noch die soziale Kompetenz übrig: Damit verhält es sich genauso wie mit der Antwort „PKW" auf die Frage, was Sie für ein Auto fahren. Unter der Meta-Kategorie „Soziale Kompetenz" lassen sich viele Fähigkeiten und Verhaltensweisen subsumieren. Es wäre deshalb aussagekräftiger, bestimmte Fähigkeiten konkret zu benennen, anstatt diesen allgemeinen Begriff ins Feld zu führen.

Einem erfahrenen Personaler gelingt es bei einer oberflächlichen, unre-
flektierten Kandidatenantwort im Handumdrehen, dessen angebliche
Stärken durch gezieltes Nachfragen Stück für Stück abzutragen. Dabei
ist das meistens noch nicht einmal die Absicht des Interviewers – Aus-
nahme ist das Stressinterview. Der Interviewer möchte zunächst einmal
nur verstehen, was Sie besonders gut können, welche Vorzüge Sie aus-
zeichnen und woran Sie das festmachen – dies ist die Intention der Stär-
ken-Frage.

Einer der größten Bewerbungsirrtümer besteht darin, mit der Darstellung der eigenen Stärken eine 1:1-Passung zum Anforderungsprofil
herstellen zu müssen. Kandidaten verschenken damit die Möglichkeit,
ihr individuelles Stärkenprofil zu vermitteln. Keine Frage: Ziel eines
Interviews oder Auswahlverfahrens ist es, einen Soll-Ist-Abgleich vorzunehmen. Aber dieser Abgleich resultiert aus der Summe zahlreicher
Eindrücke – und nicht aus einer einzigen Frage nach Ihren Stärken. Für
Interviewer ist ein klar erkennbares, unterscheidbares Stärkenprofil viel
aussagekräftiger als ein stromlinienförmig angepasstes.

Das heißt: Die Suche nach den Stärken muss bei Ihnen selbst beginnen,
nicht beim Anforderungsprofil für die Position!

Erstellung des Stärkenprofils

Gehen Sie bei der Erstellung Ihres Stärkenprofils wie folgt vor:

Notieren Sie Ihre Stärken zunächst schlagwortartig, also zum Beispiel
Motivationsfähigkeit, Organisationsgeschick usw. Versuchen Sie dabei
nicht, irgendeine Erwartungshaltung zu bedienen. Wählen Sie wirklich
diejenigen Eigenschaften und Fähigkeiten aus, von denen Sie der Meinung sind, dass sie bei Ihnen besonders gut ausgeprägt sind.
Gehen Sie dabei gedanklich unterschiedliche Kompetenzfelder durch,
also die fachliche, soziale und methodische Kompetenz sowie die
Führungskompetenz. Verzichten Sie jedoch auf Stärken, die keinerlei
beruflichen Bezug haben. Sie sollten auf mindestens fünf Nennungen
kommen. Für Kandidaten, die sich mit ihren Stärken bisher kaum
auseinandergesetzt haben, ist dieser Identifikations- und Definitions-
prozess zunächst etwas mühsam. Wenn Ihnen der Zugang zu Ihren

persönlichen Stärken schwerfällt, sollten Sie zuerst die folgenden Impulsfragen beantworten:

- Welche Talente habe ich?
- Was kann ich wirklich gut?
- In welchen Bereichen erreiche ich Spitzenleistungen?
- Was fällt mir ganz leicht?
- Über welche Erfolgserlebnisse habe ich mich gefreut?
- Wobei vergesse ich die Zeit?

Stärken manifestieren sich oft in den Tätigkeiten, die Ihnen leicht und locker von der Hand gehen. Sie sind daher für Sie oft erst auf dem zweiten Blick zu erkennen.

Machen Sie sich bewusst, inwieweit die verschiedenen Stärken zu Ihrem beruflichen Erfolg beitragen:

Beruflichen Bezug reflektieren

- Bei welchen Tätigkeiten konnten Sie die jeweilige Stärke gut ausspielen?
- In welchen beruflichen Situationen profitierten Sie davon?
- Sammeln Sie stichpunktartig konkrete Beispiele zu den einzelnen Stärken.

Grenzen Sie Ihre Auswahl auf drei bis fünf zentrale Stärken ein. Bei mehr als fünf Stärken laufen Sie Gefahr, Ihr Profil zu verwässern. Wählen Sie diejenigen Stärken aus, die Ihnen besonders aussagekräftig erscheinen. Natürlich sollten Sie dabei die Relevanz für die Zielposition berücksichtigen. So bietet es sich bei einer Führungsposition an, in erster Linie Stärken aus den Bereichen der sozialen, methodischen und Führungskompetenz zu platzieren. Lassen Sie Fachliches außen vor. Dabei muss es sich nach wie vor um Ihre individuellen Stärken handeln – von denen Sie bereits einige wichtige ausgewählt haben. Und das ist der entscheidende Unterschied zum Kopieren eines vermeintlichen Idealprofils.

Auswahl eingrenzen und priorisieren

Bilden Sie dann eine Reihenfolge nach der Bedeutung der unterschiedlichen Stärken – also Nr. 1 für die wichtigste usw. Sollte es in einem Interview nicht möglich sein, alle Stärken zu platzieren, so muss Ihnen sofort klar sein, welche Ihrer elementaren Stärken Sie auf jeden Fall vermitteln möchten. Konzentrieren Sie sich dann auf diese Stärken.

Stärken ausformulieren Nun geht es daran, die Stärken auszuformulieren. An einem Beispiel zeige ich Ihnen auf, wie unsere Eventmanagerin Carmen Schäfer bei der Darstellung einer ihrer Stärken – dem Improvisationsgeschick – vorgeht. Ein Kernstück bildet dabei die PAR-Technik. Sie hilft Ihnen dabei, Ihr Beispiel aussagekräftig, überzeugend und zugleich kompakt zu formulieren.

	Beispiel	Kommentar
Schlagwort	Improvisationsgeschick	Wählen Sie einen passenden Arbeitstitel oder ein Schlagwort.
Erläuterung	„Bei unvorhergesehenen Ereignissen gelingt es mir schnell, pragmatische Lösungsansätze zu entwickeln."	Erklären Sie in einem Satz, was Sie unter dieser Stärke verstehen.
Beispiel (PAR-Spot)	„Kurz vor unserem Workshop auf der Absolventenmesse mit 200 Teilnehmern fiel die Multimediaanlage aus. Unser externer Dienstleister hätte eine halbe Stunde gebraucht, um vor Ort zu sein. Ich konnte Techniker von einem Nachbarstand kurzerhand dazu bewegen, uns zu helfen. Das Problem war nach wenigen Minuten behoben."	Wählen Sie ein konkretes Beispiel aus der jüngeren Vergangenheit aus, das für eine kurze und knappe Darstellung geeignet ist. Gehen Sie dabei nach der PAR-Technik vor. Entwickeln Sie sicherheitshalber noch einen zweiten PAR-Spot als Reserve. Sie sind dann gut gerüstet, falls nach einem weiteren Beispiel gefragt wird.
Nutzen	„Ich habe damit schon so manche kritische Situation abgewendet und trage dazu bei, dass Eventbesucher unser Unternehmen in einem positiven Licht wahrnehmen."	Stellen Sie dar, welcher immer wiederkehrende Nutzen aus dieser Stärke resultiert bzw. welchen übergeordneten Mehrwert Sie damit schaffen.

Raster auf Stärken beziehen Konkretisieren Sie anhand dieses Rasters jede einzelne Ihrer Stärken. Nutzen Sie dafür die auf der CD-ROM bereitgestellten Vordrucke. Vielleicht ist es später nicht immer möglich, alle Informationen zu Ihren insgesamt drei bis fünf Stärken in eine einzige Antwort zu packen. Dennoch ist es erforderlich, sich detailliert mit jeder einzelnen Stärke auseinanderzusetzen. So können Sie auch kritische Rückfragen plausibel beantworten und müssen nicht ad hoc nach Beispielen und Erklärungen suchen. Wie aber sollten Sie beim Aufbau der Antwort vorgehen?

Aufbau der Antwort

Sobald Sie Ihr Stärkenprofil erstellt haben, können Sie Ihre drei bis fünf zentralen Stärken sehr genau benennen. Sie sind in der Lage, sie durch ein bis zwei Beispiele zu belegen und den daraus resultierenden übergeordneten Nutzen darzustellen. Wenn der Interviewer Sie nun nach Ihren Stärken fragt, sollten Sie Ihrer Antwort eine prägnant vermittelbare Struktur verleihen. Diese hängt entscheidend davon ab,

- wie die Frage gestellt wird, zum Beispiel:„Zählen Sie bitte einmal kurz Ihre Stärken auf!" oder „Worin konkret sehen Sie Ihre Stärken?",
- wie viele Stärken Sie insgesamt vermitteln möchten – drei, vier oder fünf,
- wie erklärungsbedürftig die von Ihnen gewählten Beispiele sind und
- ob Sie tendenziell zu langen Ausführungen oder kurzen, knappen Aussagen neigen.

Selbst wenn die Art der Fragestellung darauf hinweist, dass eine ausführliche Antwort gewünscht ist, sollte Ihre Redesequenz bei normalem Sprechtempo zwei Minuten nicht überschreiten. Antworten jenseits dieser Grenze hinterlassen häufig einen unstrukturierten und manchmal sogar egozentrischen Eindruck.

Um auf unterschiedliche Fragevarianten situativ angemessen zu reagieren und die optimale Antwort zu formulieren, benötigen Sie eine Art Baukasten, der Ihnen verschiedene Kombinationsmöglichkeiten eröffnet. Nutzen Sie dazu die unterschiedlichen Strukturvarianten – Sie helfen Ihnen, Ihre Stärken zu kommunizieren.

Tipp

Variante 1: mit drei Stärken arbeiten Mit insgesamt drei Stärken ist es möglich, diese detailliert der Reihe nach durchzugehen:

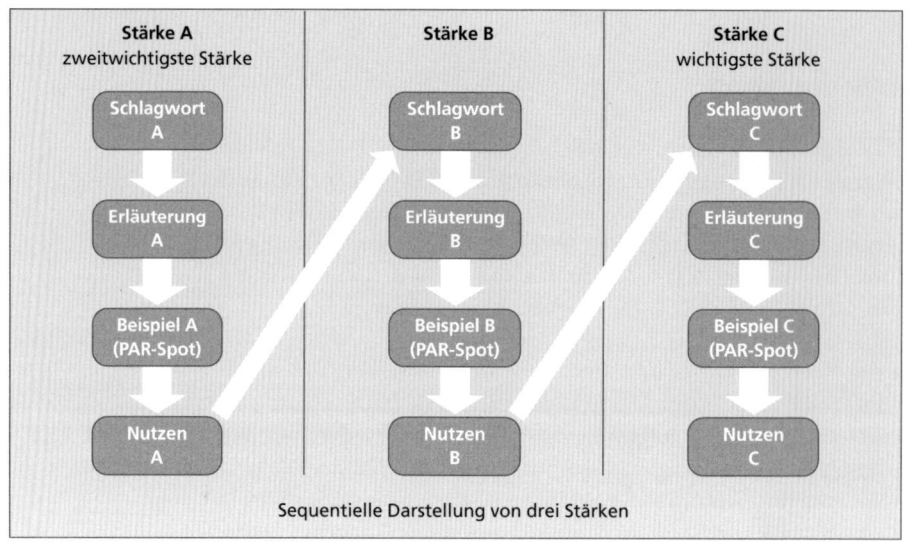

Sequentielle Darstellung von drei Stärken

Diese Antwort ist sequentiell aufgebaut, das heißt: Sie nennen zuerst eine Stärke, gehen dazu in die Tiefe, kommen dann zur nächsten usw. Vielredner sollten diese Variante allerdings nicht nutzen. Denn erfahrungsgemäß neigen sie dazu, sich an einzelnen Punkten zu lange aufzuhalten. Bei vier oder fünf Themen führt dieser Aufbau zwangsläufig zu einer unübersichtlichen und langatmigen Antwort. Sie laufen Gefahr, dass sich Ihr Gesprächspartner am Ende nicht mehr an die erstgenannten Stärken erinnern kann. Wenn Sie nur drei Stärken vermitteln möchten, Ihre Beispiele kurz und prägnant sind und es Ihnen leichtfällt, schnell auf den Punkt zu kommen, ist diese Struktur allerdings gut geeignet.

Variante 2: mit mehr als drei Stärken arbeiten Bei mehr als drei Stärken ist es schon zeitlich nicht mehr möglich, alle Bereiche in einer Antwort auszuführen. Dann ist die folgende Vorgehensweise die richtige:

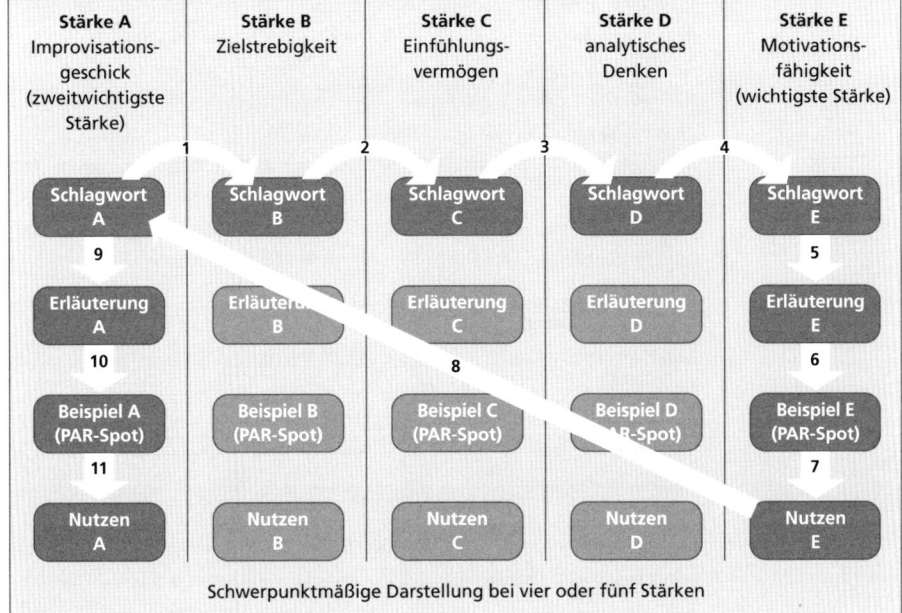

Stärke A Improvisations- geschick (zweitwichtigste Stärke)	Stärke B Zielstrebigkeit	Stärke C Einfühlungs- vermögen	Stärke D analytisches Denken	Stärke E Motivations- fähigkeit (wichtigste Stärke)
1		2	3	4
Schlagwort A	Schlagwort B	Schlagwort C	Schlagwort D	Schlagwort E
9				5
Erläuterung A	Erläuterung B	Erläuterung C	Erläuterung D	Erläuterung E
10		8		6
Beispiel A (PAR-Spot)	Beispiel B (PAR-Spot)	Beispiel C (PAR-Spot)	Beispiel D (PAR-Spot)	Beispiel E (PAR-Spot)
11				7
Nutzen A	Nutzen B	Nutzen C	Nutzen D	Nutzen E

Schwerpunktmäßige Darstellung bei vier oder fünf Stärken

Bei vier oder fünf Stärken ist es geschickter, bestimmte Schwerpunkte zu setzen, anstatt auf jedes einzelne Thema ausführlich einzugehen.

Frage: *„Worin liegen Ihre Stärken, Frau Schäfer?"*

Beispiel

Antwort: *„Als Stärken sehe ich mein Improvisationsgeschick (1), meine Zielstrebigkeit (2), mein Einfühlungsvermögen (3), mein analytisches Denken (4) und die Fähigkeit, Mitarbeiter zu motivieren (5). Damit meine ich, dass es mir gut gelingt, meine Projektmitarbeiter bei den Events auch unter schwierigen Rahmenbedingungen für neue Aufgaben zu begeistern (6).*
Während unseres Auftritts auf der Bildungsmesse zum Beispiel erhielten wir ganz kurzfristig den zusätzlichen Auftrag, für Marktforschungszwecke eine Befragung der Standbesucher durchzuführen. Einige Mitarbeiter hatten Vorbehalte, da wir schon an der Kapazitätsgrenze arbeiteten. Ich habe aufgezeigt, wie wichtig und zugleich interessant diese Aufgabe für uns ist, und erreicht, dass meine Projektmitarbeiter die Befragung nicht als lästige Pflicht wahrnahmen, sondern sie engagiert und motiviert durch-

führten (7). So hatten die Mitarbeiter nicht nur mehr Spaß an der Erfül-
lung ihrer Aufgabe, sondern diese wurde auch besser erledigt (8).
Bei der Eventorganisation hilft mir auch immer wieder mein Improvisa-
tionsgeschick (9). Ich meine damit, schnell pragmatische Lösungsansätze
zu entwickeln (10). Als bei unserem Workshop auf der Absolventenmesse
mit 200 Teilnehmern die Multimediaanlage ausfiel, habe ich kurzerhand
einen Techniker vom Nachbarstand engagiert, anstatt eine halbe Stunde
auf unseren externen Dienstleister zu warten, den meine Kollegin bereits
angefordert hatte. Das Problem war nach wenigen Minuten behoben und
der Workshop lief super (11).

Mit meinem Improvisationsgeschick habe ich schon so manche kritische
Situation abgewendet und dazu beigetragen, dass Eventbesucher unser
Unternehmen in einem positiven Licht wahrnehmen.

Möchten Sie, dass ich auch noch auf meine anderen Stärken, also auf mein
analytisches Denken, mein Einfühlungsvermögen und meine Zielstrebig-
keit näher eingehe?"

Sie sehen: Zunächst zählt die Kandidatin alle Stärken auf der Schlag-
wortebene auf. Damit vermittelt sie den Interviewern nach circa zehn
Sekunden bereits einen ersten Überblick über ihr Stärkenprofil. Würde
nun eine Unterbrechung eintreten, vielleicht durch eine Zwischenfrage
oder einen Kommentar, ist sichergestellt, dass alle Stärken zumindest
schlagwortartig platziert worden sind.

Es bietet sich an, die zweitwichtigste Stärke als erste und die wichtigste
als letzte zu nennen. Carmen Schäfer nutzt dann die Gelegenheit, bei
ihrer wichtigsten Botschaft, der Motivationsfähigkeit, in die Tiefe zu
gehen, und mit einer kurzen Erläuterung, einem konkreten Beispiel und
dem übergeordneten Nutzen anzuknüpfen. Die Zwischenbilanz kann
sich sehen lassen, denn nach etwa einer Minute sind mit dieser Vorgehensweise alle fünf Stärken im Spiel. Die Hauptstärke hat Carmen
Schäfer sogar konkret belegt. Gut möglich, dass der Interviewer nun an
dieser Stelle einhakt, eine Rückfrage zur geschilderten Situation auf-
taucht oder er die Antwort als Überleitung zum Thema Motivation
aufgreift. Ist dies nicht der Fall und Sie haben den Eindruck, dass der Gesprächspartner an einer ausführlicheren Antwort interessiert ist, sollten
Sie – wie unsere Kandidatin – die Option nutzen, auch noch die zweitwichtigste Stärke zu konkretisieren. Abschließend lenkt sie die Aufmerksamkeit noch kurz auf die weiteren Stärken und spielt den Ball mit

einer Frage an den Interviewer zurück. Und das ist auch gut so, denn damit ist sie an der Obergrenze von zwei Minuten Redezeit angelangt. Wahrscheinlich will nun der Interviewer wieder zum Zuge kommen. Eine längere Redesequenz würde zudem die Aufnahmefähigkeit des Gesprächspartners überfordern und das Stärkenprofil verwässern.

Impliziert die Fragestellung, dass eine knappe Antwort gewünscht ist, zum Beispiel: „Zählen Sie kurz auf …" oder „Nennen Sie kurz …", dann sollten Sie Ihre Stärken – wie im folgenden Modell – deutlich kompakter darstellen.

Variante 3:
Kompakt-Darstellung

Stärke A Motivations- fähigleit (wichtigste Stärke)	Stärke B Zielstrebigkeit	Stärke C Einfühlungs- vermögen	Stärke D analytisches Denken	Stärke E Improvisations- geschick (zweitwichtigste Stärke)
Schlagwort A	Schlagwort B	Schlagwort C	Schlagwort D	Schlagwort E
Erläuterung A	Erläuterung B	Erläuterung C	Erläuterung D	Erläuterung E
Beispiel A (PAR-Spot)	Beispiel B (PAR-Spot)	Beispiel C (PAR-Spot)	Beispiel D (PAR-Spot)	Beispiel E (PAR-Spot)
Nutzen A	Nutzen B	Nutzen C	Nutzen D	Nutzen E

Kompakte Darstellung bei vier oder fünf Stärken

„Frau Schäfer, bitte zählen Sie einmal kurz Ihre Stärken auf."

Beispiel

Antwort: *„Als wichtigste Stärke sehe ich meine Motivationsfähigkeit (1), es gelingt mir gut, mein Projektteam für die Aufgaben zu begeistern (2), sodass die Mitarbeiter Spaß an ihrer Arbeit haben und diese auch besser erledigen (3). Weitere Stärken sind meine Zielstrebigkeit (4), mein Einfühlungsvermögen (5), mein analytisches Denken (6) und mein Improvi-*

sationsgeschick (7). Damit konnte ich schon so manche kritische Situation abwenden und dazu beitragen, dass Eventbesucher unser Unternehmen in einem positiven Licht wahrnehmen.“

Auch wenn nur eine Aufzählung verlangt wird, sollten Sie das nicht wörtlich umsetzen. Berichten Sie über die Hauptstärke ein wenig ausführlicher, ohne dabei die Geduld der Interviewer zu überstrapazieren. Carmen Schäfer startet deshalb gleich mit ihrer wichtigsten Stärke und geht dann kurz und bündig auf den Nutzen ein. Da die Darstellung des Beispiels zu viel Zeit in Anspruch nehmen würde, verzichtet sie darauf. Danach folgt wunschgemäß eine Aufzählung, die ein gewisses Tempo in die Antwort bringt. Bei der fünften Stärke fügt die Kandidatin eine kompakte Darstellung des daraus resultierenden Nutzens an und rundet die Antwort ab.

Tipp	Wenn Sie, wie in diesem Beispiel, zum letzten Punkt noch etwas ausführen möchten, dann bitte wirklich nur ganz kurz. Fällt Ihnen das schwer, verzichten Sie lieber darauf. Der Interviewer darf nicht den Eindruck gewinnen, dass Sie bei einem ganz neuen Aspekt nun noch einmal in die Tiefe gehen wollen.

Vielleicht fragen Sie sich jetzt, warum Sie im Vorfeld alle (drei bis fünf) Stärken detailliert vorbereiten sollen, wo es doch kaum möglich ist, jede ausführlich darzustellen, oder sich die Interviewer – wie bei Variante 3 – überhaupt nicht für Beispiele zu interessieren scheinen.

Tipp	Bedenken Sie, dass es sich bei den hier dargestellten Varianten um Ihre erste Antwort oder Redesequenz auf die Frage nach Ihren Stärken handelt. Möglicherweise knüpfen daran Rückfragen an, bei denen Sie weitere Inhalte aus Ihrem Stärkenportfolio einsetzen können.

Seien Sie nicht enttäuscht, wenn Sie auf das Thema Stärken sehr gut vorbereitet sind und dann im Interview überhaupt nicht danach gefragt werden – das kann schon einmal vorkommen. Auf jeden Fall haben Sie sich durch die exzellente Vorbereitung Gedanken über sich gemacht und damit den Grundstein für einen professionellen Umgang mit Ihren Stärken gelegt. Und davon profitieren Sie auch in anderen beruflichen Situationen. Da sich ein Interviewer in dem Gespräch mit einer Reihe von Themen beschäftigen wird, können Sie die ursprünglich für Ihre

Stärken entwickelten PAR-Beispiele auch bei der Beantwortung anderer Interviewfragen einsetzen.

Umgang mit den Schwächen

Wenn es schon nicht ganz einfach ist, die Stärken überzeugend zu vermitteln, wie wird es sich dann erst bei den Schwächen verhalten? Dieses Thema bereitet den meisten Kandidaten Kopfzerbrechen. Wer berichtet schon gerne über eigene Defizite und Unzulänglichkeiten? Bevor Sie erfahren, wie Sie auf die Frage nach Ihren Schwächen professionell reagieren können, zeige ich Ihnen, welche Taktiken Sie auf jeden Fall vermeiden sollten.

- Taktik Nr.1: *„Eine meiner größten Schwächen ist meine Ungeduld."* **Schädliche Taktiken** Diese Antwort zielt meistens darauf ab, über eine harmlos klingende Schwäche die folgende Botschaft zu senden: „Ich bin ein Mitarbeiter, der etwas vorantreibt." Nur zu dumm, dass diese Standardschwäche nahezu in jedem zweiten Interview genannt wird und ein erfahrener Personaler diese Antwort schon zehntausendmal vorher gehört hat. Aus diesem Grund ist der Versuch, auf indirektem Weg eine weitere Stärke verkaufen zu wollen, so gut wie zum Scheitern verurteilt.
- Taktik Nr. 2: *„Ich esse zu viele Süßigkeiten"* oder *„Ich bin unmusikalisch".* Gut möglich, dass es sich dabei tatsächlich um Schwächen des Kandidaten handelt, nur interessieren diese wirklich niemanden. Es handelt sich um ein charmant klingendes, aber plumpes Ablenkmanöver.
- Taktik Nr. 3: *„Früher war ich zu pedantisch und habe zu viel Zeit in Details investiert. Ich habe mir daraufhin angewöhnt, die 80/20-Regel konsequent anzuwenden. Heute gelingt es mir gut, die Details mit dem richtigen Augenmaß zu bearbeiten."* Im Vergleich zu den vorherigen Beispielen schneidet diese Antwort auf jeden Fall besser ab, denn sie deutet auf eine gewisse Selbstreflexion hin. Ziel dieser Taktik ist es jedoch, Schwächen aus der Vergangenheit zu nennen und als heute nicht mehr relevant erscheinen zu lassen. Ein erfahrener Interviewer wird dies ebenfalls als „netten Versuch" verbuchen, eine Schwäche in einem besseren Licht darzustellen.

Die drei Beispiele veranschaulichen, welche Taktiken Sie vermeiden sollten. Deren negative Wirkung wird deutlich, wenn Sie sich vergegenwärtigen, worauf die Frage nach Schwächen, Optimierungsmöglichkeiten oder Entwicklungspotenzialen überhaupt abzielt. Die Intention besteht weder darin – wie manche vermuten –, dem Bewerber die Eignung für die Position abzusprechen, noch tiefenpsychologische Erkenntnisse zu den menschlichen Abgründen des Gegenübers zu gewinnen. Stattdessen geht es um die Fähigkeit zur Selbstreflexion bzw. zur Selbstkritik. Der Gesprächspartner will herausfinden: Ist sich der Kandidat seiner Schwachstellen und Handlungsfelder bewusst, kann er deren Auswirkungen einschätzen und weiß er damit umzugehen? Gerade bei Führungskräften ist dies eine entscheidende Anforderung.

Tipp

> Nur wer dazu fähig ist, seine eigenen Schwächen zu identifizieren und daran zu arbeiten, wird zugetraut, andere Menschen verantwortungsvoll zu fördern und zu fordern.

Aber auch auf der Teamebene ist diese Eigenschaft wichtig, denn wer möchte schon gerne mit jemandem zusammenarbeiten, der der Meinung ist, er sei perfekt und habe nur Stärken. Die Beispiele zeigen jedoch, wie schnell ein Kandidat Gefahr läuft, sich gerade die Fähigkeit zur ernsthaften Selbstreflexion abzusprechen – am deutlichsten wird dies bei Taktik Nr. 2. Früher konnte ein Kandidat mit solchen Antworten vielleicht noch punkten. Heutzutage wirken sie offensichtlich manipulativ.

Damit wären wir bei einem weiteren kritischen Aspekt, nämlich den Auswirkungen auf die Beziehungsebene. Taktiken wie Schwächen zu Stärken machen oder völlig irrelevante Punkte nennen sind leicht durchschaubar. Ein erfahrener Interviewer erkennt solche Taschenspielertricks sehr schnell und fühlt sich dann zu Recht verschaukelt. Sie verspielen damit Glaubwürdigkeit und Vertrauen. Antworten, die unglaubhaft oder manipulativ klingen, werden meist sehr kritisch hinterfragt und auf Plausibilität überprüft. Das Gespräch über die Schwächen entwickelt sich so für beide Seiten zu einem zähen Ringen um authentische Aussagen zu Ihrer Person. Wie also sollten Sie mit diesem Thema im Interview angemessen umgehen?

Zunächst einmal: Seien Sie möglichst offen und ehrlich. Gehen Sie auf Punkte ein, mit denen Sie tatsächlich noch nicht zufrieden sind und an denen Sie arbeiten. Keine Angst, das soll nicht heißen, dass Sie nun den Interviewern Ihr tiefstes Inneres offenbaren und alle Schwächen preisgeben sollen, die Sie bei sich vermuten. Doch diejenigen, die Sie nennen, sollten aufrichtig und authentisch beschrieben werden, denn nur dann können Sie sie glaubwürdig und nachvollziehbar vermitteln, ohne sich in Widersprüche zu verstricken.

Keine Angst vor den Schwächen

Gehen Sie bei Ihrer Suche ähnlich vor wie bei Ihren Stärken und tragen Sie Aussagen zu authentischen Schwächen zusammen. Lassen Sie sich nicht davon leiten, wie diese beurteilt werden könnten und was der Interviewer von Ihnen denken könnte. Sicherlich sollten Sie die ausgewählten Schwächen später noch einmal kritisch überprüfen, um sich nicht selbst zu schaden. Ob jedoch ein Thema als tolerierbar oder womöglich als kritisch bewertet wird, hängt weniger von der Bezeichnung für eine Schwäche ab, sondern vielmehr von der Konkretisierung und dem Kontext, in dem sie sich äußert.

Schwächenprofil erstellen

Nach diesen Vorüberlegungen gehen Sie am besten wie folgt vor: Tragen Sie Ihre Schwächen schlagwortartig zusammen und seien Sie dabei zunächst vollkommen unkritisch. Wählen Sie Verhaltensweisen oder Eigenschaften aus, mit denen Sie selbst unzufrieden sind und bei denen Sie einen Veränderungs- oder Verbesserungsbedarf sehen. Gehen Sie dabei gedanklich die unterschiedlichen Kompetenzfelder durch – wie soziale und methodische Kompetenz, Führungskompetenz und eventuell fachliche Kompetenz. Verzichten Sie jedoch auf Schwächen, die keinen beruflichen Bezug haben, wie zum Beispiel Ihre Vorliebe für Süßigkeiten. Fällt Ihnen die Identifikation mit Ihren persönlichen Schwächen schwer, beantworten Sie zunächst die folgenden Impulsfragen:

Definition der Schwächen

- Über welche meiner Verhaltensweisen ärgere ich mich manchmal?
- Was bereitet mir Schwierigkeiten?
- Welches kritische Feedback bekomme ich öfters aus meinem Umfeld?
- In welchen Bereichen möchte ich bestimmte Fähigkeiten ausbauen?
- Welche Tipps würde mir ein wohlwollender Kollege geben, woran ich noch an mir arbeiten sollte?

Reflektieren Sie, in welchen beruflichen Situationen Sie aufgrund Ihrer Schwächen unter Ihren Möglichkeiten bleiben. Dies soll keinesfalls heißen, dass Sie Aufgaben nicht gewachsen sind, sondern dass Sie diese noch besser lösen könnten. Notieren Sie stichpunktartig konkrete Beispiele für berufliche Situationen, in denen Sie die Schwächen als einschränkend empfinden.

Grenzen Sie Ihre Auswahl auf zwei bis drei Punkte ein. Wenn Sie sich für zwei entscheiden, empfehle ich Ihnen, diese aus den Bereichen soziale Kompetenz, methodische Kompetenz oder Führungskompetenz zu wählen. Bei insgesamt drei Schwächen könnten Sie auch eine aus dem Bereich der fachlichen Kompetenz einbeziehen. Überprüfen Sie jede Ihrer Schwächen kritisch anhand der folgenden Fragen:

- Handelt es sich um ein K.-o.-Kriterium für die angestrebte Position? Beispiele sind: als Verkaufsmitarbeiter sehr verschlossen sein, als Führungskraft Schwierigkeiten mit der Delegation haben, als Controller zu Ungenauigkeiten neigen. Erfahrungsgemäß klammern die meisten Personen solche Punkte aber gedanklich schon im Vorfeld aus.
- Steht die Schwäche in einem offensichtlichen Widerspruch zu einer Ihrer Stärken, der kaum aufzulösen ist? Beispiel: die Schwäche „zu dominantes Verhalten" steht im Widerspruch zur Stärke „Einfühlungsvermögen".
- Fällt es Ihnen schwer, sich mit dieser Schwäche zu identifizieren?
- Haben Sie Schwierigkeiten das Thema anhand konkreter Erlebnisse zu verdeutlichen?

Tipp

Falls Sie eine der Fragen mit „Ja" beantwortet haben, sollten Sie auf die Darstellung der entsprechenden Schwäche lieber verzichten.

Auch bei den Schwächen müssen Sie in der Lage sein, sie detailliert zu beschreiben. Um den Wahrheitsgehalt einer Schwäche zu überprüfen, fragen Interviewer gerne nach aktuellen Begebenheiten und Alltagssituationen. Erscheinen diese authentisch und schlüssig, wird man Ihnen die Schwäche abnehmen. Dabei können Sie im Prinzip ähnlich vorgehen wie bei der Ausformulierung der Stärken – allerdings mit ein paar wenigen, aber entscheidenden Unterschieden. Das zeigt das Beispiel unserer Eventmanagerin Carmen Schäfer.

	Beispiel	Kommentar
Schlagwort	Zu wenig Kontrolle bei der Ausführung	Wählen Sie einen passenden Arbeitstitel bzw. ein Schlagwort.
Erläuterung	„Wenn ich als Projektleiterin bei der Eventorganisation Aufgaben delegiere, verlasse ich mich zu sehr darauf, dass alles läuft, anstatt öfters mal den Zwischenstand zu kontrollieren."	Erläutern Sie in einem Satz, wie sich diese Schwäche äußert.
Beispiel	„Bei der Organisation der Mitarbeitergesundheitstage habe ich einen unserer Trainees beauftragt, in Abstimmung mit dem werksärztlichen Dienst ein Gesundheitsquiz zu entwickeln. Kurz vor dem Event musste ich feststellen, dass ein kaum brauchbarer Entwurf existierte, der fachlich noch gar nicht abgestimmt war. Ich habe es versäumt, mich regelmäßig zu vergewissern, dass der Mitarbeiter auf dem richtigen Weg ist."	Wählen Sie ein konkretes Beispiel aus der jüngeren Vergangenheit aus, das für eine kurze und knappe Darstellung geeignet ist. Der Aufbau ist vergleichbar mit der PAR-Technik, allerdings ohne positives Resultat. Bereiten Sie sicherheitshalber ein zweites Beispiel für eventuelle Nachfragen vor.
negative Konsequenz	„Es kann passieren, dass Fehler erst sehr spät erkannt werden, die vorher mit weniger Aufwand korrigiert hätten werden können, und dass dadurch zusätzlicher Druck entsteht."	Stellen Sie dar, was Sie daran stört oder welche Nachteile daraus resultieren. Verdeutlichen Sie, dass Sie für sich persönlich einen Handlungsbedarf sehen.
Maßnahmen	„Ich habe mir bewusst gemacht, dass Kontrolle auch eine wichtige Führungsaufgabe ist, die von mir als Projektverantwortliche stärker wahrgenommen werden muss. Deshalb habe ich mir vorgenommen, die Umsetzung erfolgskritischer Meilensteine künftig konsequent zu überprüfen. Speziell bei unerfahreneren Mitarbeitern muss ich in Zukunft den Fortschritt bei der Ausführung öfter kontrollieren."	Zeigen Sie auf, mit welchen konkreten Maßnahmen Sie an dieser Schwäche arbeiten oder was Sie sich vorgenommen haben. Die Punkte sollten aber noch nicht als abgearbeitet dargestellt werden, denn wenn Sie sich jetzt bereits im grünen Bereich befinden, ist es keine aktuelle Schwäche mehr.

Fehler: Schwäche als Nutzen verkaufen

Ein Fehler bei der Darstellung einer Schwäche besteht darin, anstatt der negativen Konsequenz einen Nutzen zu formulieren. Angenommen, Sie zeigen auf, dass Sie mit einer bestimmten Schwäche ja eigentlich schon viel Positives erreicht haben. Dann könnte man daraus schlussfolgern, dass gar kein Handlungsbedarf besteht und es sich womöglich um eine verborgene Stärke handelt. Wobei wir dann wieder bei der eingangs beschriebenen Taktik Nr. 1 angelangt wären, die mit dem Beispiel „Ungeduld" beschrieben wurde: Sie verkaufen eine Schwäche als Stärke. Schnell könnte bei den Interviewpartnern der Eindruck entstehen, dass Sie nicht auf die gestellte Frage eingehen wollen, sondern durch die Hintertür versuchen, weitere Stärken zu platzieren. Darum:

Tipp

> Stehen Sie zu Ihren Schwächen und den daraus resultierenden Nachteilen und vermitteln Sie den Eindruck, dass Sie sich ernsthaft damit auseinandergesetzt haben.

Zur Verdeutlichung dient ein weiteres Beispiel, diesmal von unserem Kandidaten Ralf Hildebrand.

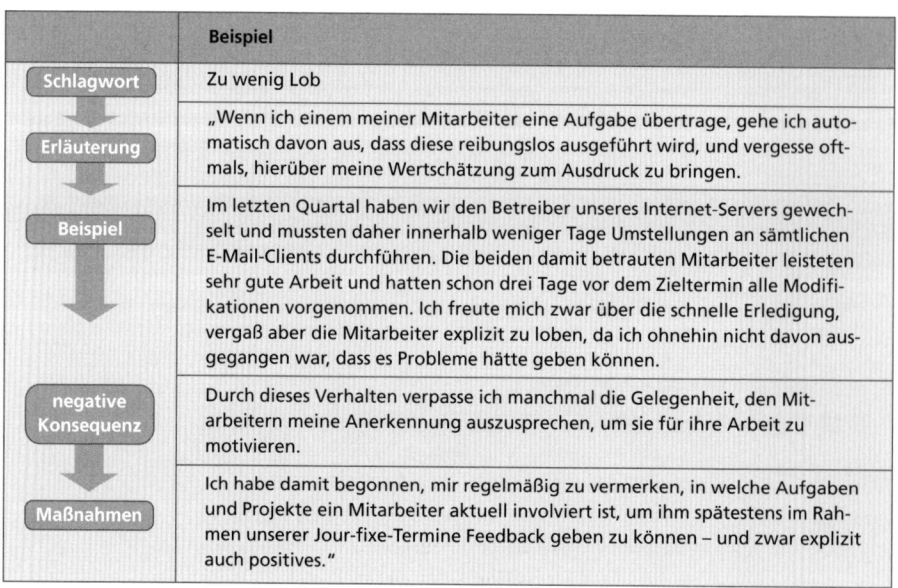

	Beispiel
Schlagwort	Zu wenig Lob
Erläuterung	„Wenn ich einem meiner Mitarbeiter eine Aufgabe übertrage, gehe ich automatisch davon aus, dass diese reibungslos ausgeführt wird, und vergesse oftmals, hierüber meine Wertschätzung zum Ausdruck zu bringen.
Beispiel	Im letzten Quartal haben wir den Betreiber unseres Internet-Servers gewechselt und mussten daher innerhalb weniger Tage Umstellungen an sämtlichen E-Mail-Clients durchführen. Die beiden damit betrauten Mitarbeiter leisteten sehr gute Arbeit und hatten schon drei Tage vor dem Zieltermin alle Modifikationen vorgenommen. Ich freute mich zwar über die schnelle Erledigung, vergaß aber die Mitarbeiter explizit zu loben, da ich ohnehin nicht davon ausgegangen war, dass es Probleme hätte geben können.
negative Konsequenz	Durch dieses Verhalten verpasse ich manchmal die Gelegenheit, den Mitarbeitern meine Anerkennung auszusprechen, um sie für ihre Arbeit zu motivieren.
Maßnahmen	Ich habe damit begonnen, mir regelmäßig zu vermerken, in welche Aufgaben und Projekte ein Mitarbeiter aktuell involviert ist, um ihm spätestens im Rahmen unserer Jour-fixe-Termine Feedback geben zu können – und zwar explizit auch positives."

Bei beiden Kandidaten-Beispielen handelte es sich jeweils um eine authentische Schwäche. Es gibt aber Unterschiede. Im direkten Vergleich wirkt der von Carmen Schäfer genannte Punkt „Zu wenig Kontrolle bei der Ausführung" etwas kritischer als das Thema von Ralf Hildebrand. Denn als Führungskräfteanwärterin, die sich für die Teamleiterebene qualifizieren möchte, spricht sich Frau Schäfer zwar keinesfalls die Eignung für die angestrebte Position ab, räumt aber doch ein Defizit in einem Teilbereich ein. Bei einer erfahrenen Führungskraft – wie Ralf Hildebrand – könnte so etwas als handwerkliches Defizit kritischer bewertet werden. Ralf Hildebrand vermittelt mit „Zu wenig Lob" eine relativ unverfängliche und leicht nachvollziehbare Schwäche, an der er noch arbeiten möchte.

> Die Bewertung solcher Antworten muss mithin immer im Kontext der individuellen Situation und des beruflichen Hintergrundes eines Kandidaten gesehen werden. Erfahrungsgemäß wird dem Thema „Schwächen" in einem internen Interview ein höherer Stellenwert beigemessen als in einem externen Bewerbungsprozess. Im Rahmen einer Potenzialanalyse, eines Management-Audits oder wie im Fall von Carmen Schäfer erwartet man durchaus einen selbstkritischeren Umgang mit den eigenen Schwächen.

Tipp

Bei der Darstellung der Stärken haben Sie die unterschiedlichen Varianten für den Aufbau Ihrer Antwort kennengelernt. So können Sie die zur Verfügung stehende Zeit zur Vermittlung Ihrer Positivbotschaften möglichst gut ausschöpfen. Beim Thema „Schwächen" verhält es sich deutlich einfacher: Nennen Sie zuerst eine Schwäche und gehen Sie dann ausführlicher darauf ein, um schließlich die Reaktion des Fragestellers abzuwarten. Begnügt er sich damit, müssen Sie nicht unbedingt auch noch die zweite oder dritte Schwäche thematisieren.

5. Motivation für die Position: Ihre persönliche Argumentationsstrategie

Als Kandidat – ob nun als interner oder externer Bewerber – verfolgen Sie ein bestimmtes Karriereziel, zu dessen Erreichung Sie sich zunächst im Rahmen eines Interviews qualifizieren müssen. Das könnte die Übernahme einer konkreten Zielposition oder der Aufstieg in eine bestimmte Hierarchieebene sein. Wer Ambitionen hat, sich beruflich zu verändern bzw. weiterzuentwickeln, muss diese auch gut begründen können. Die Frage nach Ihrer Motivation wird deshalb in jedem Interview auftauchen:

- Was interessiert Sie an der Position als …?
- Warum haben Sie sich für diese Aufgabe / Stelle beworben?
- Warum möchten Sie für unser Unternehmen arbeiten?

Zentrales Motiv Für eine angestrebte berufliche Veränderung kann es eine ganze Reihe von Motiven geben. Ganz pragmatische liegen vielleicht in Ihrer persönlichen wirtschaftlichen Situation, in der fehlenden beruflichen Perspektive, im zu hohen Leistungsdruck oder in Konflikten am Arbeitsplatz. Solche Motive spielen bei vielen Kandidaten eine Rolle. Für die Begründung der Motivation, sich auf eine Position zu bewerben, sind Sie jedoch denkbar ungeeignet. Ihr zentrales Motiv muss sich vielmehr aus dem Aufgabenspektrum der Zielposition erschließen. Sie müssen glaubhaft vermitteln können, dass die Kombination bestimmter Tätigkeiten und Themen für Sie besonders attraktiv ist.

Primärmotive Als externer Bewerber ist es durchaus legitim, weitere Aspekte zu nennen:

- ein interessantes Markt- / Branchenumfeld,
- die „Liebe" zum Produkt oder zur Dienstleistung des Arbeitgebers,
- der Erfolg und das Image des Unternehmens,
- Karriereperspektiven und
- Weiterbildungsmöglichkeiten.

Wenn Sie solche Primärmotive ins Spiel bringen, dann aber bitte nicht an erster Stelle, sondern erst, nachdem Sie auf das zentrale Motiv – das Aufgabenspektrum der Zielposition – eingegangen sind.

„Hin zu"
und „Weg von" Es ist wichtig, als Hin-zu-orientierter Kandidat aufzutreten. Die Motivation sollte klar erkennbar auf die neue Position, das Aufgabenspektrum und eventuell die Attraktivität des Umfeldes (Primärmotiv) abzielen. Ein Weg-von-orientierter Bewerber vermittelt dagegen den Eindruck, sich mehr von einer Ausgangssituation weg zu bewerben, anstatt eine klare Zielposition vor Augen zu haben. Gerade bei der

Motivationsfrage kann Ihre Antwort Aufschluss geben, ob Sie mehr „Hin zu" oder eher „Weg von" orientiert sind.

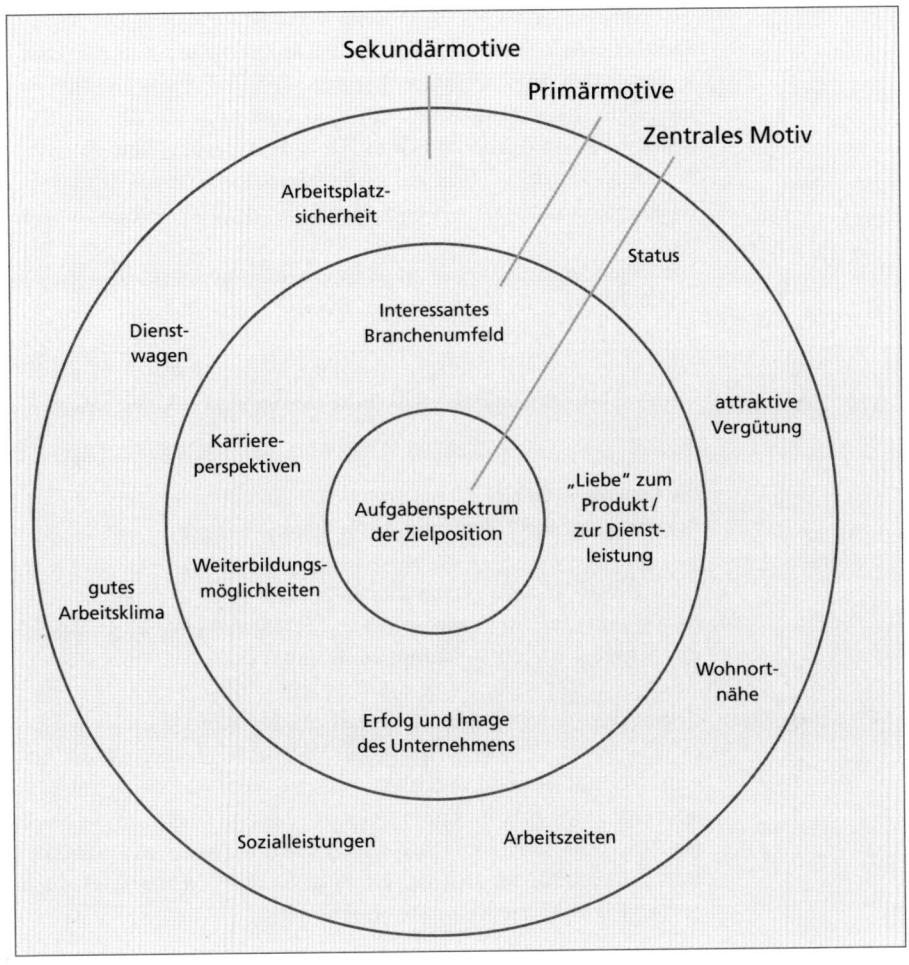

Auch wenn es sich bei bestimmten Sekundärmotiven für Sie wahrscheinlich um wichtige Kriterien handelt, sollten Sie bei der Darstellung Ihrer Motivation auf diese Punkte verzichten. Es könnte sonst der Eindruck entstehen, dass es Ihnen gar nicht so sehr um die Position und die Aufgaben, sondern mehr um die damit verbundenen Vorteile geht.

Sekundärmotive

Anders verhält es sich dagegen, wenn man Sie direkt darauf anspricht, welche Bedeutung für Sie die Vergütung oder der Dienstwagen – sofern es diesen gibt – haben. Hier macht es keinen Sinn, solche Punkte von sich zu weisen, denn für die meisten Menschen spielen solche Aspekte natürlich eine Rolle. Wenn Sie sich allzu altruistisch präsentieren, könnte dies unglaubwürdig wirken. Räumen Sie deshalb ruhig ein, dass dies für Sie durchaus attraktive Punkte sind, aber nicht die alles entscheidenden. Bei der Beurteilung Ihrer Motivation macht es aber einen immensen Unterschied, ob Sie auf solche Sekundärmotive erst bei einer expliziten Rückfrage oder sofort bei der Eröffnung des Themas eingehen.

Die folgenden Fallbeispiele zeigen spezielle Argumentationsstrategien zur Darstellung Ihrer Motivation. Berufserfahrenen Kandidaten verdeutlicht die Change-Strategie, worauf bei einer externen Bewerbung zu achten ist. Die Lead-Strategie bietet eine Argumentationshilfe für Bewerber, die erstmalig Führungsverantwortung übernehmen möchten.

Die Change-Strategie:
Die überzeugende Argumentation für externe Bewerber

Die Change-Strategie richtet sich an berufserfahrene Kandidaten, die das Unternehmen wechseln wollen und bei einem Vorstellungsgespräch mit der Frage nach dem Warum konfrontiert werden.

Die Warum-Frage Es gibt ganz unterschiedliche Gründe für den Wunsch nach einer beruflichen Veränderung. Beispiele sind die Unzufriedenheit mit der Aufgabe, eine aufziehende Unternehmenskrise, Konflikte am Arbeitsplatz oder eine gewisse Abstumpfung, gepaart mit dem Gefühl, etwas Neues machen zu müssen. Ähnlich verhielt es sich bei unserem Kandidaten Ralf Hildebrand, der sich auf die Position des IT-Leiters bei einem großen Dienstleistungsunternehmen bewarb.

Das Beispiel Ralf Hildebrand Herr Hildebrand war zu diesem Zeitpunkt sieben Jahre als EDV-Leiter bei einem mittelständischen Großhandelsunternehmen beschäftigt. Im Bewerbungs-Coaching legte mir der Klient den ausschlaggebenden Impuls für seinen Veränderungswunsch dar: Im familiengeführten Unternehmen – seinem bisherigen Arbeitgeber – schwelte seit einiger Zeit zwischen den Gesellschaftern eine Art „Thronfolge-Konflikt", da ein Generationswechsel in der Unternehmensleitung absehbar war. Herr Hildebrand hatte von diesem Konflikt nur Kenntnis, da er als EDV-Leiter zum engsten Führungszirkel zählte und direkt der Unternehmensleitung unterstellt war. Akut gab es allerdings keine nennenswerten Probleme, das Unternehmen war wirtschaftlich kerngesund. Als vorausschauender und zugleich sicherheitsbewusster Klient interpretierte Herr Hildebrand diesen Sachverhalt jedoch als negatives Vorzeichen für die langfristige Unternehmensentwicklung und zog daraus die Konsequenz, sich mittelfristig besser anderweitig zu orientieren. Durch Zufall stieß er auf das Stellenangebot für die Position des IT-Leiters, die für ihn wie geschaffen schien und auf die er sich nun bewarb. Er beabsichtigte, im Bewerbungsgespräch die Frage nach seinem Veränderungswunsch mit diesem „Thronfolge-Konflikt" zu begründen, und bat mich um eine Einschätzung, wie diese Antwort wohl ankäme. Was hätten Sie Herrn Hildebrand geraten?

Eine zu erwartende strukturelle Veränderung ist auf jeden Fall eine gut nachvollziehbare und glaubwürdige Begründung für eine Umorientierung. Wird diese neutral und sachlich beschrieben, ohne eine Schuldzuweisung an das Unternehmen bzw. die beteiligten Personen vorzunehmen, ist dies in einem Vorstellungsgespräch durchaus darstellbar. Allerdings sollte das Thema mit dieser Offenheit nur angesprochen werden, wenn es schon die Runde gemacht und zum Beispiel die Presse darüber berichtet hat. Hat diese erst einmal darüber geschrieben, dass das Werk ins Ausland verlagert werden soll, oder ist es in der Branche ein offenes Geheimnis, dass ein Unternehmensverkauf kurz bevorsteht, sollte man daraus auch in dem Interview keinen Hehl machen.

Strukturelle Veränderung als Begründung

Anders verhält es sich im Fall von Herrn Hildebrand, der von besagtem „Thronfolge-Konflikt" nur aufgrund seines Insiderwissens Kenntnis hat. Seine Antwort könnte als Loyalitätsbruch gegenüber seinem bisherigen Arbeitgeber gewertet werden. Immerhin handelt es sich um Unternehmensinterna auf allerhöchster Ebene. Zu beachten ist jedoch ein zweiter wichtiger Aspekt. Wenn der Kandidat die Begründung für seinen Veränderungswunsch ausschließlich darauf aufbaut, dass ihn die Entwicklung seines jetzigen Arbeitgebers beunruhigt, handelt es sich um eine starke Weg-von-Motivation. Noch dazu um eine, die in erster Linie mit einem Sekundärmotiv – der Arbeitsplatzsicherheit – in einem Zusammenhang steht. Für einen Personalverantwortlichen ist diese

Eindruck des Loyalitätsbruchs vermeiden

Argumentation zwar gut nachvollziehbar, aber es entsteht keineswegs der Eindruck eines engagierten Kandidaten, den das Aufgabenspektrum der zu besetzenden Position fasziniert. Stattdessen vermittelt diese Weg-von-orientierte-Antwort eher die Botschaft: „Suche sicheren Hafen in ruhiger See."

Bei berufserfahrenen Bewerbern, die einen Arbeitgeberwechsel beabsichtigen, ist dieses Verhaltensmuster häufig zu beobachten. Die Begründung ist oft zu sehr „Weg-von-"orientiert angelegt, anstatt darzulegen, inwiefern die Aufgaben der angestrebten Position aus Kandidatenperspektive besonders attraktiv sind. Herr Hildebrand bewertete die Zielposition auch für den Fall als interessant, dass der „Thronfolge-Konflikt" nicht existierte. Er zählte eine ganze Reihe von Aspekten auf, die die Position für ihn attraktiv machten und die für ihn als Kandidaten sprächen. Das heißt:

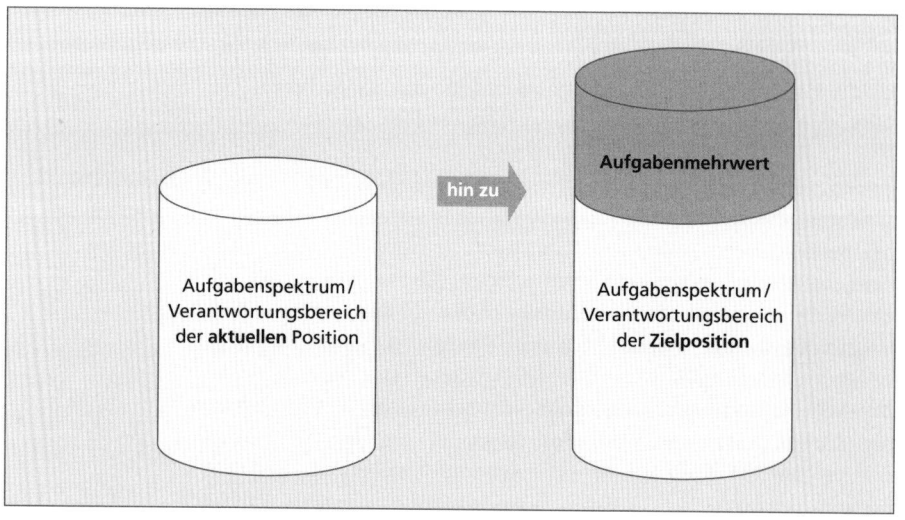

Arbeiten Sie heraus, welchen Mehrwert das Aufgabenspektrum der Zielposition im Vergleich zu Ihrer aktuellen Tätigkeit bietet. Dieser Mehrwert könnte zum Beispiel abgeleitet werden aus

Mehrwert ableiten

- größeren Gestaltungsspielräumen,
- komplexeren, anspruchsvolleren Aufgaben,
- größerer Budgetverantwortung,
- größerer Mitarbeiterverantwortung,
- der Anwendung einer bestimmten Technologie oder
- dem Stellenwert des Themas / des Verantwortungsbereichs innerhalb des Unternehmens.

Im Fall von Herrn Hildebrand bot ihm die Zielposition die Perspektive, sich stärker strategisch einzubringen, da eine wesentliche Aufgabe in der Weiterentwicklung der IT-Strategie lag. Weitere wichtige Aspekte waren für ihn der größere Verantwortungsbereich und die Möglichkeit, auch in internationalen Projekten mitzuwirken. Herrn Hildebrand gelang es damit sich als Hin-zu-motivierter-Kandidat zu präsentieren.

Die Lead-Strategie:
Die überzeugende Argumentation für Aufsteiger

Diese Argumentationsstrategie richtet sich in erster Linie an Kandidaten, die den Schritt von der Mitarbeiter- in die Führungsebene vollziehen möchten. Die Fragen zur Motivation könnten lauten:

- Warum möchten Sie Führungskraft werden?
- Was interessiert Sie an einer weiterführenden Position?

In dieser Bewerbungskonstellation sollten Sie ebenfalls mit dem Aufgabenspektrum der Zielposition argumentieren. Orientieren Sie sich wieder an den Empfehlungen aus den vorherigen Abschnitten, bei denen es um die Darstellung des zentralen Motives und die Wichtigkeit der Hin-zu-Orientierung ging. Allerdings gilt es noch einen weiteren Aspekt einzubeziehen: Sie stehen an einem entscheidenden Wendepunkt Ihres beruflichen Werdegangs! Indem Sie von der Mitarbeiterin die Führungsebene aufsteigen, vollziehen Sie einen bedeutenden Rollenwechsel. Unterschwellig schwingen deshalb immer die Fragen

Umgang mit dem Rollenwechsel

mit, ob Sie sich dieser Veränderung bewusst sind und überhaupt in der Lage sind, die Anforderungen zu erfüllen. Sie müssen also nicht nur zum Ausdruck bringen, weshalb Sie Führungskraft werden wollen – man muss Ihnen auch abnehmen, dass Sie es tatsächlich können und für eine Führungsposition gewappnet sind. Bauen Sie Ihre Argumentation darum auf zwei Säulen auf, nämlich auf Ihrer Befähigung und Ihrer Motivation.

Kommen wir wieder zu unserer Frau Schäfer, der Eventmanagerin bei einem großen Automobilkonzern, die einen Aufstieg in die Teamleiterebene anstrebt. Erst wenn sie sich in einem internen Potenzialbestätigungsverfahren qualifiziert hat, kann sie sich auf eine konkrete Teamleiterposition bewerben. Im Rahmen eines Interviews muss sie die Frage beantworten, warum sie Teamleiterin werden möchte. Dabei ist es wichtig, überzeugend zu argumentieren und einen bestimmten Führungsanspruch sichtbar zu machen.

Frage: *„Frau Schäfer, warum möchten Sie Teamleiterin werden?"*

Beispiel

Antwort: *„Nun, ich bin jetzt schon seit fünf Jahren im Unternehmen und habe neue Herausforderungen, wie meine aktuelle Tätigkeit als Eventmanagerin, immer gerne angenommen. Im Laufe der Jahre habe ich fachlich schon vieles erreicht. Ich denke, dass es deshalb an der Zeit ist, mich mehr in Richtung Führung zu orientieren, denn Führungsaufgaben haben mich schon immer gereizt. Ich bin es als diplomierte Betriebswirtin gewohnt, unternehmerisch zu denken. Zudem kann ich gut mit anderen Menschen umgehen, was beides wichtig ist für diese Position."*

Keine überzeugende Antwort

Die Kandidatin begründet Ihre Befähigung für eine Führungsposition mit ihren bisherigen fachlichen Leistungen, dem betriebswirtschaftlichem Studium und ihrer Fähigkeit, gut mit Menschen umgehen zu können. Um ihre Qualifikation für die Teamleiterebene zu vermitteln, reichen diese Punkte allerdings nicht aus. In ihrer Antwort kommt eher der Gedanke zum Ausdruck, dass man sich nach einer gewissen fachlichen Reife und einer bestimmten Anzahl von Berufsjahren automatisch den Anspruch auf eine weiterführende Position erwirbt. Dies entspricht einer Beförderungspolitik, die heute als antiquiert gilt. Die Darstellung der Motivation zielt zwar grundsätzlich auf das Aufgabenspektrum der Zielposition ab, bleibt aber mit der Aussage

„Führungsaufgaben haben mich schon immer gereizt" noch zu allgemein.

Denken Sie bitte daran, dass es nicht genügt, den Willen zum Aufstieg zum Ausdruck zu bringen. Sie müssen zugleich belegen können, dass Sie dafür auch qualifiziert sind. Die Befähigung für eine Führungsposition lässt sich heutzutage eben nicht mehr allein aus fachlichen Verdiensten ableiten. Zeigen Sie stattdessen auf, welche Führungsaufgaben Sie bereits jetzt schon wahrnehmen. Damit verleihen Sie der linken Argumentationssäule im folgenden Zwei-Säulen-Modell mehr Substanz.

Qualifikation im Vordergrund

Das Zwei-Säulen-Modell

Gesamteindruck
Motivierter Kandidat, der weiß, was er kann und was er will, und der die Anforderungen optimal erfüllt.

Botschaft
Kandidat ist qualifiziert für Führungsaufgaben und bringt erste Erfahrung mit

Botschaft
Kandidat hat das Ziel, weiter zu kommen und ist motiviert, mehr Verantwortung zu übernehmen

Inventar
- bisherige Führungserfahrung
- ausgewählte Stärken
- weitere Erfolge und Qualifikationen (weniger fachlich)

Erwartungen an die Zielposition
- Attraktivität des Aufgabenspektrums
- Unterschiede zur bisherigen Funktion
- neue Möglichkeiten, die sich dadurch eröffnen

Säule 1: Befähigung

Säule 2: Motivation

Schauen Sie sich an, wie Frau Schäfer das Zwei-Säulen-Modell für sich umsetzt und die Frage nun beantwortet.

Frage: *„Frau Schäfer, warum möchten Sie Teamleiterin werden?"*

Antwort: *„Nun, in meiner derzeitigen Tätigkeit als Eventmanagerin übernehme ich bereits eine Reihe von Führungsaufgaben. In der Rolle der Projektleiterin bin ich bei den Events für die Koordination des Mitarbeitereinsatzes verantwortlich, ich organisiere den Ablauf und ich delegiere unterschiedliche Aufgaben an die Mitglieder meines Projektteams. Es gelingt mir gut, auf die Projektmitarbeiter einzugehen und sie auch unter schwierigen Voraussetzungen für die Aufgaben zu begeistern. Und es macht mir Spaß, mit einem Mitarbeiterteam etwas voranzubringen. Diesen Führungsauftrag möchte ich künftig in einem größeren Rahmen wahrnehmen, anstatt nur zeitlich begrenzt, wie in der Rolle als Projektleiterin, und daher ist es mein Ziel, Führungsverantwortung in einer Teamleiterfunktion zu übernehmen. Dadurch habe ich die Möglichkeit, Teammitglieder in ihrer Entwicklung langfristig zu begleiten und zu fördern, ein Team auch strategisch auszurichten und gemeinsam mit den Mitarbeitern auf die Umsetzung mittel- und langfristiger Ziele hinzuarbeiten. Ich kann in dieser Rolle meine Fähigkeit, andere Menschen mitzunehmen und zu begeistern, noch stärker einbringen als bisher. Alles in allem sind es die größeren Gestaltungsmöglichkeiten, die verantwortungsvolleren Aufgaben und die Perspektive, noch mehr bewegen zu können, weshalb ich Teamleiterin werden möchte."*

Überzeugende Antwort in 90 Sekunden

Es wird deutlich, dass die Kandidatin in ihrer jetzigen Position bereits bestimmte Führungsaufgaben wahrnimmt, damit belegt sie eine gewisse Führungserfahrung. Nebenbei platziert Frau Schäfer eine ihrer wichtigsten Stärken – die Fähigkeit, zu begeistern und zu motivieren – und generiert daraus einen Mehrwert für die Zielposition. Frau Schäfer geht auf den Zuwachs an Aufgaben und Möglichkeiten in einer Teamleiterposition ein und leitet daraus ihre persönliche Motivation ab. Am Ende fasst sie die wesentlichen Aspekte zusammen und bekräftigt ihr Ziel, Teamleiterin zu werden. Diese Zusammenfassung mag etwas oberflächlich klingen. Allerdings ist es in dieser Situation kaum möglich, spezifischere Merkmale für die Zielposition zu nennen, da sich Frau Schäfer noch nicht auf eine konkrete Teamleiterstelle bewirbt, sondern sich zunächst allgemein für diese Ebene qualifizieren muss.

Berücksichtigen Sie bei der Darstellung Ihrer Motivation (zweite Säule) für eine weiterführende Position überdies die folgenden Aspekte:

- den Zuwachs an Verantwortung und Gestaltungsspielräumen
- komplexere, herausforderndere Aufgaben
- den höheren Wirkungsgrad und damit den größeren Beitrag zum Unternehmenserfolg
- die Möglichkeit, mehr Veränderungen / Verbesserungen zu initiieren
- die Interaktion mit den Mitarbeitern zur Umsetzung anspruchsvoller Ziele
- die Weiterentwicklung und Förderung von Mitarbeitern

Gerade Kandidaten, die an der Stufe von der Mitarbeiter- in die Führungsebene stehen, tun sich erfahrungsgemäß schwer, das Thema Führung anhand von Beispielen zu belegen (erste Säule). Sehr gut geeignet wären dafür natürlich Erfahrungen in der Projektleitung. Doch nicht jeder befindet sich in der komfortablen Lage wie unsere Frau Schäfer, die tatsächlich darauf verweisen kann. Überlegen Sie darum, welche der folgenden Punkte, aus denen Sie Führungserfahrung ableiten können, auf Sie zutreffen:

Führungserfahrung belegen

- Führungsverantwortung bei einem früheren Arbeitgeber
- Stellvertretende Teamleitung
- Kommissarische Teamleitung
- Abwesenheitsvertretung für den Vorgesetzten
- Teilprojektleitung
- Aufgabenbezogene fachliche Führung von Kollegen
- Betreuung von Auszubildenden oder Praktikanten
- Unterweisung von Fremdarbeitskräften
- Leitung oder Moderation von Schulungen bzw. Workshops

Machen Sie sich bewusst, in welchen Situationen Sie bereits heute schon Führungsaufgaben wahrnehmen – auch wenn es sich dabei nicht um Führungsaufgaben mit Disziplinarbefugnis handelt. Zeigen Sie bei der Beantwortung der Interviewfragen auf, dass Sie bereits die Führungsperspektive einnehmen und sich mit dieser Rolle identifizieren.

6. Wegweiser für Ihre persönliche Vorbereitung

Sie haben verschiedene Techniken und Strategien für Ihre erfolgreiche Gesprächsführung im Vorstellungsgespräch und Interview kennengelernt. Nun geht es darum, diese sinnvoll anzuwenden und sich professionell auf einen Interviewtermin vorzubereiten.

Inhaltliche Vorbereitung

Im Idealfall beginnen Sie mit der Vorbereitung mehrere Wochen vor Ihrem Vorstellungsgespräch oder Interview. Antworten zu den Themen Stärken, Schwächen und Motivation wollen gut überlegt sein. Die Bearbeitung des Fragenkatalogs im Teil B dieses Buches erfordert eine gewisse Zeit. Nun befindet sich nicht jeder Kandidat in der komfortablen Ausgangslage, seine Interviewvorbereitung mehrere Wochen vorab starten zu können. Einladungen werden häufig sehr kurzfristig ausgesprochen, dem Bewerber stehen dann nur noch wenige Tage zur Vorbereitung zur Verfügung. Nutzen Sie darum eine der folgenden zwei Vorgehensweisen für die Interviewvorbereitung:

- die Variante für kurzentschlossene, denen weniger als zehn Tage Vorbereitungszeit zur Verfügung stehen
- die zu empfehlende Vorgehensweise, die sich über einige Wochen erstreckt

Ihr Fahrplan zur professionellen Vorbereitung

Optimale Vorbereitung über einige Wochen	Komprimierte Vorbereitung weniger als zehn Tage

Analyse des Anforderungsprofils der Zielposition

- Welchen Mehrwert bietet mir die Tätigkeit?
- Was sind die erfolgskritischen Aufgaben in der Position?
- Was sind die wesentlichen Anforderungen an die Position?
- Was muss ich über das Unternehmen- und die Branche wissen?
- Welche Interviewfragen würde ich als Personaler unbedingt stellen?

PAR-Technik, ab S.16	PAR-Technik, ab S. 16
• anwenden	• kennenlernen / lesen
• Entwicklung des persönlichen PAR-Portfolios mit circa 20 Spots (siehe Vordruck CD-ROM)	

Persönliche Standortbestimmung

- Formulierung der Stärken und Schwächen anhand der STÄRKen-Strategie, ab S. 25 (Vordruck CD-ROM)
- Formulierung der Motivation für die Zielposition

Interviewfragen in Teil B (S. 62–157)	Interviewfragen in Teil B (S. 62–157)
• ausführlich bearbeiten	• kennenlernen / lesen
• Antworten stichpunktartig notieren (Fragenkatalog CD-ROM)	• punktuell die am wichtigsten erscheinenden Fragen beantworten, je nach Zeitbudget
• eventuell Lernkartei anlegen	

Antworten auf drei zentrale Fragen einprägen

- Was interessiert Sie an der Position als …?
- Warum sollten wir gerade Sie einstellen?
- Bitte stellen Sie sich kurz vor! (= 90-Sekunden-Spot als Selbstpräsentation, S. 168)

Alle Antworten einprägen / wiederholen

- in unterschiedlicher Reihenfolge durchgehen und laut beantworten
- Aufzeichnung der eigenen Antworten
- Interviewsimulation mit einem Übungspartner / Feedbackgeber

Als externer Bewerber: Fragen an den Arbeitgeber vorbereiten

Die Intensität, mit der Sie sich mit den über 203 Fragen in Teil B dieses Buches auseinandersetzen, hängt natürlich von Ihrem verfügbaren Zeitbudget ab. Im Idealfall gelingt es Ihnen, möglichst viele der Fragen zu bearbeiten. Sie haben damit die wichtigsten Themen reflektiert. Im Interview brauchen Sie dann nicht mehr lange überlegen, sondern wissen bereits bei vielen Fragen, welche Botschaft Sie vermitteln möchten. Denn die Antworthinweise und Argumentationsstrategien liefern Ihnen inhaltliche Lösungsansätze.

- Anhand der Beispiele unserer beiden Kandidaten gewinnen Sie einen Eindruck davon, wie Sie Ihre Antworten aufbauen können. Sie tun sich aber keinen Gefallen damit, wenn Sie solche Formulierungen komplett übernehmen oder gar einstudieren.
- Auswendig gelernte Antworten klingen nicht überzeugend und authentisch.
- Gehen Sie bei Ihrer schriftlichen Vorbereitung stichpunktartig vor, statt vollständige Sätze auszuformulieren.
- Ihr Ziel sollte es sein, sich Botschaften einzuprägen, nicht Textpassagen.
- Sie müssen in der Lage sein, Ihre Aussagen später im Gespräch mit eigenen Worten situationsgerecht zu formulieren. Nehmen Sie sich erst gar nicht vor, wie aus der Pistole geschossen perfekt zu antworten.

Es ist legitim – und wirkt authentisch –, bei der Beantwortung kurz in sich zu gehen und zu überlegen. Allerdings gibt es drei Fragen bei denen Sie sehr entschlossen und prägnant antworten können sollten:

- Was interessiert Sie an der Position als …?
- Warum sollten wir gerade Sie einstellen? (nur bei einer externen Bewerbung)
- Bitte stellen Sie sich kurz vor!

Hier müssen Sie wirklich ohne zu zögern eine aussagekräftige Antwort liefern können. Deshalb sollten Sie ausnahmsweise bei diesen drei Antworten den Wortlaut gut vorbereiten und ihn sich einprägen.

Fragen an den Arbeitgeber Als externer Bewerber sollten Sie sich natürlich auch Gedanken machen, welche Antworten *Sie* in einem Vorstellungsgespräch erhalten möchten. Üblicherweise fordert Sie der Gesprächspartner im letzten Drittel des Gesprächs auf, eigene Fragen zu stellen. Hinterfragen Sie daher die folgenden Punkte, sofern sich die Antworten noch nicht aus dem bisherigen Gesprächsverlauf ergeben haben:

- Wurde die Stelle neu geschaffen oder gibt es einen Vorgänger?
- Was ist der Grund für die Neubesetzung der Position?
- Wie lange war die Position unbesetzt?
- Welche Ansprechpartner stehen in der Einarbeitung zur Verfügung?
- Wo ist die Position hierarchisch / organisatorisch angesiedelt (Organigramm)?

- Wie sind die Befugnisse, Kompetenzen und Gestaltungsspielräume definiert?
- Mit welcher Budget- und Mitarbeiterverantwortung ist die Position versehen?
- Wie ist die Mitarbeiterstruktur im Team / in der Abteilung?
- Gibt es Abteilungen bzw. Ansprechpartner, mit denen ich besonders eng zusammenarbeiten werde?
- Was sind Ihre konkreten Erwartungen an einen erfolgreichen Stelleninhaber?
- Welche Vorstellung hat das Unternehmen von der langfristigen Ausrichtung des Verantwortungsbereiches?
- Welche Weiterbildungsmöglichkeiten und Entwicklungsperspektiven bietet das Unternehmen?

Bereiten Sie Ihre Fragen vor und halten Sie die Informationen dazu stichpunktartig fest. Es zeugt von einer gewissen Professionalität und Sorgfalt, wenn Sie sich in dieser Phase des Vorstellungsgespräches eigene Notizen machen.

Sollte die Vergütung bisher noch nicht thematisiert worden sein, fragen Sie ruhig nach, wie hoch die Position dotiert ist. Der Interviewer erwartet von einem berufserfahrenen Bewerber, dass er in dieser Gesprächsphase das Thema selbstbewusst aufgreift. Es handelt sich um die Gegenleistung für seine Tätigkeit – und damit um ein für den Bewerber wichtiges Kriterium. Allerdings: Die Frage sollte nicht als allererste gestellt werden. Seien Sie darauf gefasst, dass der Interviewer den Ball zurückspielt und Sie auffordert, Ihre Gehaltsvorstellung zu nennen. Vielleicht eröffnet er aber auch selbst die Gehaltsverhandlung. Wie Sie dabei genau vorgehen können, erfahren Sie in Teil C im Kapitel „Gehaltsverhandlung".

Umgang mit der Gehaltsfrage

Mit der richtigen Einstellung zur Einstellung

Auch die persönliche Einstellung und die subjektive Bewertung der eigenen Situation spielen eine entscheidende Rolle. Im Bewerbungscoaching erlebe ich oft Kandidaten, die sich aufgrund ihrer persönlichen Haltung selbst ins Abseits manövrieren.

Gerade Kandidaten, die mit einer Umbruchsituation konfrontiert sind, haben oft den Eindruck, mit dem Rücken zur Wand zu stehen. Sie unterschätzen dann ihre Handlungsmöglichkeiten und ihren Marktwert. Der Bewerber setzt sich selbst unter einen enormen Erfolgsdruck, der mit jeder Absage zunimmt und sein Minderwertigkeitsgefühl verstärkt. Dies ist eine denkbar schlechte emotionale Grundlage, um in einem Vorstellungsgespräch überzeugend und selbstbewusst aufzutreten. Selbst gestandene Führungskräfte neigen dann dazu, in einen Bittsteller-Modus zu verfallen, der sich oft auch nonverbal äußert. Sie machen einen alles andere als kompetenten und souveränen Eindruck. Zugegeben, in einer unfreiwillig herbeigeführten Bewerbungssituation fällt es erst einmal schwer, positiv nach vorne zu blicken.

Tipp

Sie können sich aus dieser Negativspirale nur befreien, wenn es Ihnen gelingt, sich wieder auf Ihre Stärken, Qualifikationen, Erfahrungen und Erfolge zu besinnen. Gehen Sie mit dem Selbstverständnis, Partner auf gleicher Augenhöhe zu sein, in das Bewerbungsgespräch, und sehen Sie sich als kompetenten Anbieter Ihrer eigenen Arbeitskraft.

Viele Bewerber setzen sich vor dem Vorstellungsgespräch das Ziel, die Stelle unbedingt bekommen zu müssen. Sie versuchen, die Erwartungshaltung der Interviewer perfekt zu bedienen – und wirken daher oft hyperengagiert. Dies führt nicht nur zu einem Verlust an Authentizität, sondern gleichzeitig zur Einschränkung der Wahlmöglichkeiten und der Entscheidungssouveränität. Bedenken Sie bitte, dass Sie die Position und das Unternehmen in der Regel nur aus einer Stellenausschreibung kennen. Sie können vor dem persönlichen Kennenlernen doch noch gar nicht genau wissen, ob Stelle, Rahmenbedingungen und Unternehmen wirklich Ihren eigenen Anforderungen entsprechen.

Tipp

Betrachten Sie das Interview bei einer externen Bewerbung daher immer als Sondierungsgespräch, das beiden Seiten zur Informationsgewinnung und Entscheidungsfindung dient.

Auch wenn im Kapitel „Motivation für die Position" darauf hingewiesen wurde, wie wichtig es ist, als zentrales Motiv die Attraktivität des Aufgabenspektrums in den Mittelpunkt zu stellen, darf man den Bogen nicht überspannen. Vielleicht kennen Sie dieses Phänomen, dass übertriebener Ehrgeiz und ein verbissenes Wollen um jeden Preis oft zum Scheitern führen. Wohingegen man mit einer gewissen Gelassenheit oder sogar Sorglosigkeit manche Ziele fast mühelos zu erreichen scheint.

Manche Kandidaten vermitteln durch ihre Aussagen unbewusst eine starke Weg-von-Orientierung. Das Bedürfnis, sich aus einer unangenehmen Situation befreien zu wollen, rückt in den Mittelpunkt und die Zielposition scheint dabei der rettende Strohhalm zu sein. Wie wichtig es ist, sich von dieser Denkweise zu lösen und stattdessen als Hin-zu-orientierter-Kandidat aufzutreten, wissen Sie ja bereits.

Weg-von-Orientierung

Sehen Sie sich als gleichwertigen Gesprächs- bzw. Verhandlungspartner? Die meisten Klienten, denen ich im Coaching diese Frage stelle, verneinen dies spontan. Sie nehmen sich stattdessen in einer unterlegenen Position wahr, und das selbst bei jahrelanger Berufs- und Führungserfahrung. Oft ist dies der nichtalltäglichen Interviewsituation geschuldet. Großen Anteil daran dürften aber auch so manche Bewerbungsratgeber haben, die das Feindbild Personaler und den Mythos vom übermächtigen Arbeitgeber schüren. Aus dieser Haltung resultieren oft zwei Verhaltensmuster:

Feindbild Personaler

- Manche Bewerber sehen sich dazu genötigt, mit manipulativen Taktiken „Waffengleichheit" herstellen zu müssen. Welche kontraproduktive Wirkung solche „Spielchen" erzeugen können, haben Sie bereits beim Thema „Schwächen" erfahren.
- Andere Kandidaten treten ausgesprochen autoritätshörig auf und verhalten sich wie bei einer mündlichen Prüfung oder vor Gericht.

Weder das eine noch das andere Verhaltensmuster erweist sich als förderlich. Rational betrachtet, befinden Sie sich auf absolut gleicher Augenhöhe mit Ihrem Gesprächspartner. Vergegenwärtigen Sie sich: Sie sind Anbieter Ihrer Arbeitskraft, und das in Zeiten, in denen in vielen Branchen ein Konkurrenzkampf um qualifizierte Mitarbeiter herrscht.

> Vermuten Sie nicht hinter jeder Frage des Interviewers eine Falle, sondern interpretieren Sie sie als echtes Interesse. Haben Sie als Bewerber dennoch einmal den Eindruck, ernsthaft in die Pfanne gehauen zu werden, hält Sie niemand davon ab, sich dagegen zu wehren oder im Extremfall sogar zu gehen.

Tipp

Überlegen Sie, ob eine oder vielleicht sogar mehrere dieser Perspektiven auch auf Sie zutreffen. Oft hilft es schon, sich diese einfach nur bewusst zu machen und daraufhin mit einem anderen Selbstverständnis den Interviewtermin wahrzunehmen.

Körpersprache beachten

Neben den Informationen, die auf der verbalen Ebene vermittelt werden, senden Sie durch Ihre Körpersprache jede Menge nonverbaler Signale aus, die bei Ihren Gesprächspartnern einen bestimmten Eindruck hinterlassen. Dieser muss nicht immer zutreffend sein, denn die Interpretation einzelner körpersprachlicher Merkmale bietet ein weites Feld für Fehlinterpretationen. Doch gerade deshalb sollten Sie sich Ihrer eigenen körpersprachlichen Signale bewusst sein. Glaubwürdig und überzeugend wirken Sie dann, wenn der Gesamteindruck Ihrer nonverbalen Signale mit Ihren verbalen Botschaften übereinstimmt. Dazu zählen Körper- bzw. Sitzhaltung, Gestik, Mimik und Blickkontakt. Bei manchen Bewerbern ändert sich die Körpersprache fast schlagartig, wenn bestimmte Interviewthemen angesprochen werden. Reißt plötzlich der Blickkontakt ab, weicht der Kandidat zurück oder verwendet gehäuft Verlegenheitsgesten, so sind dies ziemlich deutliche Anzeichen dafür, dass er das Thema als kritisch empfindet.

Sitzhaltung Eine ausgeglichene und stabile Sitzhaltung fängt bereits bei den Füßen an:

- Beide Füße sollten in hüftbreitem Abstand auf dem Boden stehen.
- Nehmen Sie die ganze Sitzfläche in Anspruch, ohne dabei Ihren Oberkörper nach hinten in die Rückenlehne zu pressen.
- Ein aufrechter, ganz leicht nach vorne orientierter Oberkörper signalisiert Aufmerksamkeit und Aktivität. Ihre Hände sollten immer sichtbar sein, sich also oberhalb der Tischplatte befinden.

Natürlich bleiben Die Beschreibung dieser Sitzhaltung hört sich vielleicht sehr statisch an. Verstehen Sie sie als eine Grundposition, die für den Gesprächsbeginn günstig ist und in die Sie im Verlauf der Diskussion immer wieder zurückkehren können. Selbstverständlich sollten Sie nicht wie in Stein gemeißelt ständig in dieser Haltung verharren, sondern Ihre natürliche

Gestik und Bewegung einfließen lassen und die Sitzhaltung dabei dynamisch anpassen:

- Vermeiden Sie es, zu lange in einer Sitzhaltung zu verharren, die unvorteilhafte nonverbale Signale vermittelt.
- Ein zurückgelehnter Oberkörper und weit nach vorne gestreckte oder übergeschlagene Beine können einen sehr legeren, lediglich konsumierenden oder selbstgefälligen Eindruck erzeugen.
- Nach hinten angewinkelte oder um die Stuhlbeine gewundene Füße mit wenig Bodenkontakt sowie das Sitzen auf der Stuhlkante könnte der Gesprächspartner je nach Situation als Unsicherheit, Unwohlsein oder Anspannung interpretieren.

Eine gute Sitzhaltung zeichnet sich dadurch aus, dass sich Spannung und Lockerheit die Waage halten. Vermeiden Sie sogenannte Stress- oder Verlegenheitsgesten. Unter hoher Anspannung neigen manche Menschen dazu, sich häufig an Hals, Gesicht oder Frisur zu berühren, die Hände zu kneten, ständig am Ring zu drehen oder mit dem Kugelschreiber zu klicken. Sie erwecken dadurch einen unsicheren, nervösen Eindruck.

Stress- oder Verlegenheitsgesten

Ein wichtiges körpersprachliches Merkmal, das mit Souveränität und Präsenz verbunden wird, ist der Blickkontakt. Wenig Blickkontakt kann dagegen als Ausdruck mangelnden Selbstbewusstseins aufgefasst oder für Unaufrichtigkeit gehalten werden. Sprechen Sie mit mehreren Interviewern, sollten Sie Ihre Aufmerksamkeit auf die Person fokussieren, die gerade spricht. Bei längeren Ausführungen Ihres Gesprächspartners, können Sie durch gelegentliches Kopfnicken Aufmerksamkeit und aktives Zuhören signalisieren. Wenn Sie das Wort ergreifen und auf die gestellten Fragen antworten, sollten Sie versuchen, den Blickkontakt auf alle anwesenden Personen gleichmäßig zu verteilen. Bitte denken Sie daran, auch ab und an zu lächeln, das kann wahre Wunder wirken.

Präsent wirken: der Blickkontakt

> Wenn Sie sich Ihre körpersprachliche Wirkung bewusst machen möchten, dann zeichnen Sie sich bei der Simulation von Interviewsituationen auf und bitten Sie Ihren Übungspartner, nicht nur auf Ihre Inhalte, sondern auch bewusst auf Ihre Köpersprache zu achten.

Tipp

Teil B: Typische Fragen, Argumentationsstrategien, Antworten

Nun erwarten Sie 203 Interviewfragen mit Antworthinweisen und Argumentationsstrategien. Die Fragen sind nach den sechs Kategorien „Persönlichkeit/persönliche Kompetenz", „Soziale Kompetenz", „Methodische Kompetenz", „Führungskompetenz", „Fachliche Kompetenz" und „Rahmenbedingungen" sortiert. Innerhalb dieser Kategorien wird nochmals nach Unterthemen differenziert.

Beachten Sie, dass diese Einteilung keinen Anspruch auf Allgemeingültigkeit erhebt. Beim Thema „Persönlichkeit/persönliche Kompetenz" gehe ich zusätzlich auf die Intention der jeweiligen Fragestellung ein, da diese oft nicht auf den ersten Blick erkennbar ist. Bei den anderen Themen wird darauf weitgehend verzichtet. An einigen Stellen treffen Sie wieder auf die Ihnen bereits bekannten Kandidaten Carmen Schäfer und Ralf Hildebrand. Sie lesen, wie deren Antworten auf bestimmte Fragen ausfallen.

Der Schwierigkeitsgrad der Fragen Allen Fragen ist ein Schwierigkeitsgrad von einfach (= ★) bis schwierig (= ★★★) zugeordnet. Diese Einteilung basiert auf der Einschätzung der von uns vorbereiteten Seminarteilnehmer und Klienten, bei denen es sich um berufserfahrene Führungs- und Fachkräfte handelt. Die Personen haben die Fragen sowohl nach dem Anspruch des abgefragten Inhalts als auch nach dem vermuteten Zeitaufwand für die Entwicklung ihrer Antwort beurteilt. Bei dem angegebenen Schwierigkeitsgrad handelt es sich um einen Durchschnittswert, der Ihnen lediglich einen ungefähren Anhaltspunkt liefern soll. Bedingt durch Ihren beruflichen Hintergrund, Ihre Berufs-, Führungs- und Lebenserfahrung wäre es nicht ungewöhnlich, wenn Sie den Schwierigkeitsgrad einzelner Fragen anders beurteilen.

Alle hier behandelten Interviewfragen finden Sie zusätzlich im Fragen-katalog auf der CD-ROM. Nutzen Sie das Word-Dokument, um Ihre Antworten direkt einzutragen.

1. Schnellübersicht über alle Interviewfragen

Thema „Persönlichkeit/persönliche Kompetenz"

Stärken
1. Worin liegen Ihre Stärken? ★★ (S. 73)
2. Wie würden Sie sich selbst charakterisieren? ★★ (S. 73)
3. Mit welchen vier Adjektiven würden Sie sich beschreiben? ★★ (S. 73)
4. Wie würde Sie Ihr Vorgesetzter beschreiben? ★★ (S. 73)
5. Welches Image möchten Sie haben? ★★ (S. 73)
6. Warum sollten wir gerade Sie einstellen? ★★(S. 74)
7. Was unterscheidet Sie von anderen Bewerbern? ★★★ (S. 74)

Schwächen/Selbstreflexion
8. Was sind Ihre Schwächen? ★★★ (S. 75)
9. Woran möchten Sie bei sich noch arbeiten? ★★(S. 75)
10. In welchen Verhaltensweisen sehen Sie bei sich selbst noch Ver-änderungs- bzw. Verbesserungsbedarf? ★★ (S. 75)
11. Welche Tipps würde Ihnen ein wohlwollender Kollege geben, woran Sie noch an sich arbeiten sollten? ★★ (S. 75)
12. Wie wirken Sie auf andere? ★★ (S. 76)

Innere Befindlichkeit
13. Worüber können Sie sich so richtig ärgern? ★★ (S. 76)
14. Was müsste passieren, dass Sie einmal die Contenance verlieren? ★★ (S. 77)
15. Was bereitet Ihnen Sorgen? ★★ (S. 78)

Ziele
16. Was ist Ihr berufliches Ziel? ★★(S. 78)
17. Wie würde Ihre berufliche Entwicklung im Idealfall verlaufen? ★★★ (S. 78)

18. Was soll in fünf Jahren über Sie in unserer Firmenzeitung stehen? ★★★ (S. 79)
19. Wo möchten Sie in zehn Jahren stehen? ★★★ (S. 79)
20. Wie würde Ihre Zukunft idealerweise aussehen? ★★ (S. 80)
21. Was sind Ihre ganz persönlichen Lebensziele? ★★ (S. 80)
22. Was ist Ihre Vision? ★★★ (S. 80)
23. Welchen Lebenstraum möchten Sie verwirklichen? ★★★ (S. 80)
24. Stellen Sie sich vor, Zeit und Geld würden keine Rolle mehr spielen: Womit würden Sie sich dann beschäftigen? ★★★ (S. 81)
25. Angenommen, Sie gewinnen fünf Millionen im Lotto. Inwiefern würde sich Ihr Leben ändern? ★★★ (S. 81)

Motivation für die Position

26. Was interessiert Sie an der Position als …? ★★ (S. 82)
27. Warum haben Sie sich für diese Aufgabe / Stelle beworben? ★★ (S. 82)
28. Weshalb möchten Sie für unser Unternehmen arbeiten? ★★ (S. 82)
29. Was versprechen Sie sich von dieser Position? ★★ (S. 82)
30. Was genau reizt Sie an der neuen Aufgabe? ★★ (S. 82)
31. Warum möchten Sie wechseln? ★★ (S. 82)
32. Weshalb möchten Sie Ihren derzeitigen Arbeitgeber verlassen? ★★ (S. 82)

Leistungsmotivation allgemein

33. Was treibt Sie an? ★★ (S. 83)
34. Was treibt Sie morgens aus dem Bett? ★★★ (S. 83)
35. Was spornt Sie am meisten zur Arbeit an: Ehrgeiz, Selbstverwirklichung, Geld, Karriere oder Anerkennung? ★★ (S. 84)
36. Über welche Art von Anerkennung freuen Sie sich besonders? ★ (S. 84)
37. Was motiviert Sie, was demotiviert Sie? ★ (S. 85)
38. Wofür arbeiten Sie? ★★ (S. 85)

Erfahrungen

39. Was waren für Sie die wichtigsten Meilensteine Ihres bisherigen Werdegangs? ★ (S. 86)
40. Was waren für Sie prägende Ereignisse? ★★ (S. 86)
41. Was heißt für Sie Erfolg? ★ (S. 87)

42. Auf welche Erfolge sind Sie stolz? ★★(S. 87)
43. Was waren bisher Ihre größten Erfolge? ★★ (S. 87)
44. Auf welche Ergebnisse sind Sie besonders stolz? ★★(S. 87)
45. Auf welche Leistungen in den letzten zwölf Monaten sind Sie besonders stolz? ★★ (S. 87)
46. Worauf in Ihrem Leben sind Sie wirklich stolz? ★★ (S. 87)
47. Mit welchen Misserfolgen haben Sie sich auseinandergesetzt? ★★★(S. 88)
48. Was war Ihr letzter großer Fehler? ★★★ (S. 88)
49. Was war Ihre letzte Niederlage? ★★★ (S. 88)
50. Wenn Sie die Zeit noch einmal zurückdrehen könnten: Was würden Sie dann anders machen? ★★ (S. 89)
51. Welche Personen haben Sie beruflich beeinflusst bzw. geprägt? ★★★ (S. 89)
52. Was bereitete Ihnen in Ihrer aktuellen Position am meisten Stress? ★★★ (S. 90)
53. Welche Situationen verursachen bei Ihnen Stress? ★★ (S. 90)
54. Was waren die größten Herausforderungen, denen Sie sich bisher in Ihrem Berufsleben stellen mussten? ★★ (S. 91)

Werte / Identifikation / Integrität
55. Was sind Ihre Werte? ★★ (S. 92)
56. Wonach richten Sie Ihr Handeln aus? ★★ (S. 92)
57. Was erwarten Sie von Ihren Mitmenschen? ★★ (S. 92)
58. Was stört Sie an Ihren Mitmenschen? ★★ (S. 92)
59. Welche Person ist für Sie ein Vorbild? ★★ (S. 93)
60. Welche Persönlichkeit beeindruckt Sie? ★★ (S. 93)
61. Wenn Sie nicht für unser Unternehmen arbeiten würden, wer wäre dann Ihr Wunscharbeitgeber? ★★★ (S. 94)
62. Welche Bedeutung hat für Sie Geld? ★★ (S. 95)
63. Was ist Ihnen in Ihrem Leben wirklich wichtig? ★★ (S. 95)
64. Wenn Sie in Rente gehen: Auf was möchten Sie mit vollem Stolz zurückblicken? ★★ (S. 95)
65. Was heißt für Sie Loyalität und wo wären die Grenzen Ihrer Loyalität gegenüber Ihrem Vorgesetzten? ★★★ (S. 96)

Selbstkompetenz
66. Was lesen Sie? ★ (S. 97)
67. Wann haben Sie sich zum letzten Mal fortgebildet? ★(S. 97)

68. Was waren die Beweggründe für die Weiterbildung / das Studium XY? ★(S. 98)
69. Mit welchen Wissensgebieten beschäftigen Sie sich privat? ★ (S. 98)
70. Wie gehen Sie mit Stress um? ★★ (S. 99)
71. Wie bauen Sie Stress ab? ★ (S. xy)
72. Wie entspannen Sie sich nach einem anstrengenden Arbeitstag? ★ (S. 99)
73. Erinnern Sie sich bitte an ein Tief in Ihrer beruflichen Laufbahn: Wie sind Sie damit umgegangen? ★★★ (S. 100)
74. Was war ein Knick auf Ihrem bisherigen Karriereweg und wie haben Sie diesen verarbeitet? ★★★ (S. 100)
75. Welche Situationen sind Ihnen besonders unangenehm? ★★★ (S. 100)

Hintergründe zur Person
76. Was machen Sie in Ihrer Freizeit? ★ (S.101)
77. Wie halten Sie sich fit? ★ (S. 102)
78. Treiben Sie Sport? ★ (S. 102)
79. Was tun Sie für Ihren Ausgleich? ★ (S. 102)

Thema „Soziale Kompetenz"

Zusammenarbeit
80. Was sind für Sie die Voraussetzungen für gute Zusammenarbeit? ★ (S. 102)
81. Wie gehen Sie damit um, wenn Sie mit einem Kollegen, den Sie unsympathisch finden, zusammenarbeiten müssen? ★★ (S. 103)
82. Wie verhalten Sie sich bei einer Meinungsverschiedenheit mit einem Kollegen? ★★ (S. 82)
83. Wie haben Sie eine Konfliktsituation, in die Sie involviert waren, gelöst? ★★★ (S. 103)
84. Wie gehen Sie mit Kritik um? ★★ (S. 104)
85. Was verstehen Sie unter Teamarbeit? ★★ (S. 104)
86. Welche Rolle nehmen Sie typischerweise im Team ein? ★★ (S. 105)
87. Was machen Sie lieber zusammen mit anderen – was lieber alleine? ★★ (S. 105)
88. Arbeiten Sie lieber alleine oder lieber im Team? ★★ (S. 105)
89. Was schätzen Sie an Ihrem Vorgesetzten – was nicht? ★★ (S. 106)

90. Welcher Typ Mensch kommt mit Ihnen gut klar, welcher nicht, und was sind die Gründe dafür? ★★ (S. 107)

91. Mit welchen Menschen umgeben Sie sich gerne und was verbindet Sie mit diesen? ★★ (S. 107)

92. Was tun Sie, wenn Sie sich von Ihrem Vorgesetzten ungerecht behandelt fühlen? ★★ (S. 108)

93. Welches war der letzte größere Konflikt, den Sie einmal mit einem Vorgesetzten hatten? ★★★ (S. 108)

Kommunikationsvermögen

94. Welchen Kommunikationsstil bevorzugen Sie? ★ (S. 109)

95. Wie gehen Sie vor, wenn Sie andere Menschen von Ihren Ideen überzeugen möchten? ★★ (S. 109)

96. Schildern Sie eine Situation, in der Sie Ihr Kommunikationstalent unter Beweis stellen mussten, um jemanden von etwas zu überzeugen. Wie sind Sie vorgegangen? ★★ (S. 109)

97. Welche Möglichkeiten zur Steuerung von Gesprächen kennen Sie? ★★ (S. 109)

98. Wie gehen Sie mit einem reklamierenden Kunden um? ★★ (S. 110)

99. Wie gehen Sie vor, um zu Beginn eines (Kunden-)Gespräches das Eis zu brechen? ★★ (S. 110)

100. Wie gelingt es Ihnen, die Bedürfnisse eines Gesprächspartners / Kunden zu erkennen? ★★ (S. 110)

101. Woher wissen Sie, wie Sie auf andere wirken? ★★★ (S. 111)

102. Wie geben Sie Feedback? ★★ (S. 111)

Thema „Methodische Kompetenz"

Strategische / unternehmerische Kompetenz

103. Was bedeutet für Sie unternehmerisches Denken? ★★ (S. 112)

104. Worin sehen Sie den Unterschied zwischen Strategie und Taktik? ★★★ (S. 112)

105. Halten Sie es für wichtig, alle Wünsche unserer Kunden zu erfüllen? ★★ (S. 113)

106. Wie tragen Sie in Ihrem Verantwortungsbereich zur Umsetzung unserer Unternehmensstrategie bei? ★★★ (S. 113)

107. In welchen Lebens- bzw. Berufssituationen haben Sie strategische Überlegungen zur Zielerreichung angestellt? ★★ (S. 113)

108. Wie würden Sie in Ihrer neuen Position strategisch handeln? ★★★ (S. 114)

109. Wie gehen Sie vor, wenn Sie schwerwiegende Entscheidungen treffen müssen? ★★★ (S. 114)

110. Wie gelingt Ihnen bei Entscheidungen der Spagat zwischen Chance und Risiko? ★★★ (S. 114)

111. Wie beurteilen Sie die Aussage: „Lieber eine falsche Entscheidung als gar keine Entscheidung"? ★★ (S. 115)

112. Wie verhalten Sie sich, wenn kurzfristige Schwierigkeiten eintreten (zum Beispiel Personalengpass oder Lieferschwierigkeiten)? ★★ (S. 115)

113. Beschreiben Sie eine Situation, in der Sie ein schwieriges Problem zu lösen hatten. Wie sind Sie dabei vorgegangen? ★★ (S. 115)

114. Beschreiben Sie die kreativste Lösung für ein Problem, die Sie jemals entwickelt haben. Wie sah sie aus? ★★★ (S. 116)

115. Beschreiben Sie eine Situation aus Ihrem Verantwortungsbereich, in der Sie sich in einem Konflikt zwischen Kosten, Qualität und Zeit sahen. Wie haben Sie sich verhalten? ★★ (S. 116)

Veränderungskompetenz

116. Wie ist Ihre Meinung zu der These „Das einzig Beständige ist die Veränderung"? ★ (S. 117)

117. Was sind für Sie Indikatoren für die Notwendigkeit nach Veränderung? ★★ (S. 117)

118. Wie gehen Sie mit Veränderungen um, die Sie selbst nicht mitgestalten können? ★★ (S. 117)

119. Was verstehen Sie unter Change-Management? ★★ (S. 118)

120. Woran messen Sie den Erfolg einer Veränderung? ★ (S. 118)

121. In welchen Situationen haben Sie schon einmal proaktiv Veränderungen angestoßen? ★ (S. 118)

122. Welche Veränderungen in Ihrem Leben haben Sie bewusst initiiert? ★ (S. 118)

123. Gibt es eine bestimmte Gewohnheit oder Einstellung, mit der Sie in letzter Zeit gebrochen haben? ★★ (S. 119)

Organisation

124. Wie gehen Sie mit Terminkonflikten um? ★ (S. 119)

125. Wonach entscheiden Sie, welche Aufgaben Sie zuerst erledigen? ★ (S. 120)

Thema „Führungskompetenz"

Mitarbeiterführung

145. Was sind Ihrer Meinung nach die schwerwiegendsten Fehler, die eine Führungskraft bei der Übernahme eines neuen Verantwortungsbereiches begehen kann? ★★ (S. 130)

146. Wie gehen Sie vor, wenn Sie mit der Leistung eines Mitarbeiters unzufrieden sind? ★★ (S. 130)

147. Wie gehen Sie mit einem sehr guten Mitarbeiter um, der mehr Geld fordert, wenn Sie diese Forderung aufgrund der wirtschaftlichen Situation nicht erfüllen können? ★★ (S. 131)

148. Wie gehen Sie als Vorgesetzter mit dem Konflikt zweier Mitarbeiter um? ★★ (S. 131)

149. Stellen Sie sich vor, Sie müssten in Ihrem Verantwortungsbereich einen Mitarbeiter entlassen. Wonach wählen Sie diesen Mitarbeiter aus? ★★ (S. 132)

150. Was bieten Sie als Führungskraft Ihren Mitarbeitern, und was erwarten Sie von Ihren Mitarbeitern? ★★ (S. 132)

151. Wie gewährleisten Sie, dass Ihre Mitarbeiter wissen, was Sie als Führungskraft von ihnen erwarten? ★★ (S. 133)

152. Wann und wie erhalten Mitarbeiter von Ihnen als Führungskraft Rückmeldung? ★★ (S. 133)

153. Wie vermitteln Sie als Führungskraft Glaubwürdigkeit? ★★ (S. 134)

154. Wie gelingt es Ihnen, Vertrauen zu Ihren Mitarbeitern aufzubauen? ★★ (S.134)

155. Wie binden Sie Ihre Mitarbeiter in Entscheidungsprozesse ein? ★★ (S. 135)

156. Welche Aufgaben delegieren Sie? ★★ (S. 135)

157. Welches war für Sie die bisher schwierigste Führungssituation und wie sind Sie dabei vorgegangen? ★★★ (S. 136)

158. Wie können Sie kritische Führungssituationen konstruktiv und kompetent gestalten? ★★★ (S. 136)

159. Wie integrieren Sie einen neuen Mitarbeiter ins Team? ★★ (S. 137)

160. Was war Ihre letzte unpopuläre Entscheidung, die Sie treffen mussten, und wie sind Sie damit umgegangen? ★★★ (S. 137)

161. Worin sehen Sie Defizite in Ihrem Führungsverhalten? ★★ (S. 138)

162. Woran machen Sie den Erfolg einer Führungskraft fest? ★★ (S. 138)

163. Woran erkennen Sie, ob ein gutes Arbeitsklima im Team herrscht? ★ (S. 139)

164. Welche Entscheidungen treffen Sie als Führungskraft kurz-, mittel- und langfristig? ★★ (S. 139)

165. Welche Möglichkeiten kennen Sie, die Zusammenarbeit in Ihrem Team zu fördern? ★★ (S. 140)

166. Welchen Veränderungsprozess haben Sie mit Ihren Mitarbeitern erfolgreich durchgeführt? ★★★ (S. 140)

167. Wie gehen Sie mit Bremsern im Team um? ★★ (S. 140)

168. Wie wäre Ihr Traum-Team zusammengesetzt? ★★ (S. 141)

169. Welche Besonderheiten müssen Sie bei einem interkulturell aufgestellten Team beachten? Worin sehen Sie Vorteile und Probleme oder Risiken? ★★ (S. 141)

170. Wie gehen Sie mit der Kritik von Mitarbeitern um? ★★ (S. 142)

171. Worin sehen Sie die Top 3 Ihrer persönlichen Führungsstärken? ★★★ (S. 142)

172. Beschreiben Sie eine erlebte Situation, von der Sie sagen, diese war führungstechnisch schlecht. Warum? Was würden Sie anders machen? ★★★ (S. 142)

173. Wie können Sie Ihr Team auch mit knappen Ressourcen leistungsfähig halten, um immer wieder die geforderte Spitzenleistung zu erreichen? ★★★ (S. 143)

174. Sollte man als Vorgesetzter besser gefürchtet sein oder geliebt werden? ★★ (S. 143)

175. Welche war die schwierigste Entscheidung, die Sie bisher als Führungskraft treffen mussten? ★★ (S. 144)

176. Hätten Sie einen vorbereiteten Nachfolger, wenn Sie morgen eine neue Position antreten würden? ★★ (S. 144)

Führungspotenzial / Rollenwechsel

177. Was ändert sich in der Beziehung zu Ihren internen und externen Kunden, wenn Sie Führungskraft werden? ★★ (S. 145)

178. Wie ändert sich für Sie als Führungskraft das Verhältnis zu Ihren jetzigen Kollegen? ★★ (S. 145)

179. Worin sehen Sie in einer Führungsposition die wesentlichen Unterschiede zu Ihrer jetzigen Tätigkeit? ★★ (S. 146)

180. In welchen Situationen haben Sie bereits geführt? ★★ (S. 146)

181. Welche Führungserfahrung bringen Sie mit? ★★ (S. 146)

Thema „Fachliche Kompetenz"

182. Wie stellen Sie sich Ihre Aufgabe bei uns vor? ★★ (S. 147)
183. Wie stellen Sie sich Ihre Einarbeitung vor? ★★ (S. 148)
184. Wie lange werden Sie für Ihre Einarbeitung brauchen? ★★ (S. 148)
185. In welchen Bereichen sehen Sie derzeit noch Defizite? ★★ (S. 148)
186. Was spricht gegen Sie als Bewerber? ★★ (S. 148)
187. Wie würden Sie Ihren Arbeitsstil beschreiben? ★★ (S. 149)
188. Welche richtungsweisenden Trends sehen Sie in Ihrem (künftigen) Aufgabengebiet? ★★ (S. 150)
189. Welche neuen Trends und Entwicklungen erscheinen Ihnen in Ihrem Fachgebiet besonders wichtig? ★★ (S. 150)
190. Wie bilden Sie sich in Ihrem Aufgabengebiet weiter? ★ (S. 150)
191. Wo liegen Ihre Aufgabenschwerpunkte? ★ (S. 151)
192. Wie sieht ein für Sie typischer Arbeitstag aus? ★ (S. 151)
193. Wie sah Ihr beruflicher Werdegang bisher aus? ★★ (S. 151)
194. Was kann unser Unternehmen von seinen Mitbewerbern lernen? ★★★ (S. 152)
195. Welche Kritikpunkte an unserem Unternehmen sind aus Ihrer Sicht berechtigt? ★★★ (S. 152)
196. Welche Zukunftsthemen haben strategische Bedeutung für unser Unternehmen? ★★★ (S. 153)

Thema „Rahmenbedingungen und Konditionen"

197. Welche Fragen haben Sie an uns? ★ (S. 153)
198. Welche Gehaltsvorstellung haben Sie? ★★ (S. 154)
199. Wann könnten Sie bei uns anfangen? ★★ (S. 154)
200. Wenn wir Ihnen sofort einen fertig erstellten Vertrag vorlegen, würden Sie ihn unterzeichnen? ★★ (S. 155)
201. Haben Sie noch andere Bewerbungen laufen? ★★ (S. 156)
202. Haben Sie sich auf diesen Interviewtermin vorbereitet? ★ (S. 156)
203. Wie haben Sie dieses Gespräch erlebt? ★★ (S. 157)

2. Thema „Persönlichkeit / persönliche Kompetenz": typische Fragen, Argumentationsstrategien, Antworten

Stärken

Frage:
1. Worin liegen Ihre Stärken? ★★

Intention:
Die Interviewer möchten einen Eindruck vom individuellen Stärkenprofil gewinnen. Gleichzeitig kann die Frage Aufschluss darüber geben, ob sich der Kandidat tatsächlich mit seiner Persönlichkeit auseinandergesetzt hat oder ob er „Standardstärken" aufzählt, die er kaum belegen kann.

Antworthinweis / Argumentationsstrategie:
Nennen Sie drei bis fünf authentische Stärken und verdeutlichen Sie diese anhand von Beispielen. Orientieren Sie sich an den Empfehlungen im Kapitel „Die STÄRKen-Strategie: Der professionelle Umgang mit Stärken und Schwächen" ab S. 25, das dieses Thema umfassend behandelt.

Fragen:
2. Wie würden Sie sich selbst charakterisieren? ★★
3. Mit welchen vier Adjektiven würden Sie sich beschreiben? ★★
4. Wie würde Sie Ihr Vorgesetzter beschreiben? ★★
5. Welches Image möchten Sie haben? ★★

Intention:
Diese Fragen zielen ebenfalls auf das Thema Stärken bzw. positive Verhaltensweisen ab. Solche abgewandelten Fragestellungen werden eingesetzt, um von „Standardstärken" aus dem Lehrbuch abzulenken und damit aussagekräftigere individuellere Informationen zu erhalten.

Antworthinweis / Argumentationsstrategie:
Wählen Sie positive Beschreibungen, die an Ihre Stärken angelehnt sind. Orientieren Sie sich wiederum an den Empfehlungen im Kapitel „Die STÄRKen-Strategie".

Frage:
6. Warum sollten wir gerade Sie einstellen? ★★

Intention:
Hier möchte der Gesprächspartner von Ihnen selbst die wichtigsten Einstellungsargumente hören. Er möchte herausfinden, ob Sie von sich selbst als geeigneter Kandidat überzeugt und in der Lage sind, Ihre Vorzüge selbstbewusst darzustellen.

Antworthinweis / Argumentationsstrategie:
Nutzen Sie die Gelegenheit, sich positiv zu präsentieren und in komprimierter Form die wesentlichen Argumente zu liefern, die für Sie als Bewerber sprechen. Gehen Sie dabei auf ausgewählte Stärken sowie Leistungen, Erfahrungen und Erfolge ein, durch die Sie sich für die Position qualifizieren.

Beispiel
Kandidat Ralf Hildebrand: „Ich leite jetzt seit über sieben Jahren erfolgreich unseren EDV-Bereich mit elf Mitarbeitern und gewährleiste einen effizienten und reibungslosen IT-Betrieb. Darüber hinaus habe ich sukzessive die Entwicklung einer zukunftsorientierten IT-Architektur auf Unternehmensebene vorangetrieben und mit dem Aufbau einer modernen IT-Infrastruktur maßgeblich zur Vereinfachung der Prozesse beigetragen. Ich plane und organisiere sehr gerne, ich arbeite sehr strukturiert und ich bin durchsetzungsstark. Zudem verfüge ich über langjährige Erfahrung in der Projektleitung, in der Mitarbeiterführung sowie in der Entwicklung von IT- und Organisationsstrategien. Ich denke, dass ich mit all diesen Punkten sehr gute Voraussetzungen für die zu besetzende Position mitbringe.“

Frage:
7. Was unterscheidet Sie von anderen Bewerbern? ★★★

Intention:
Wie bei der vorherigen Frage geht es darum, die Einstellungsargumente von Ihnen selbst zu hören. Durch das Einbeziehen anderer Bewerber möchte man gleichzeitig einen Eindruck gewinnen, wie Sie mit dieser Wettbewerbssituation umgehen.

Antworthinweis / Argumentationsstrategie:
Gehen Sie genauso vor, wie bei der Beantwortung der vorhergehenden
Frage – also präsentieren Sie sich als geeigneter Kandidat. Verzichten Sie
dabei auf jeglichen Vergleich zu anderen Bewerbern, da Ihnen dieser in
der Regel weder möglich ist noch zusteht.

Schwächen / Selbstreflexion

Frage:
8. Was sind Ihre Schwächen? ★★★

Intention:
Diese Frage dient der Einschätzung der Fähigkeit zur Selbstreflexion
bzw. zur Selbstkritik. Ist sich der Kandidat seiner Schwachstellen und
Handlungsfelder bewusst, kann er deren Auswirkungen einschätzen
und weiß er damit umzugehen?

Antworthinweis / Argumentationsstrategie:
Wählen Sie zwei bis drei Verhaltensweisen oder Eigenschaften aus, mit
denen Sie selbst unzufrieden sind und für die Sie einen Veränderungs-
oder Verbesserungsbedarf sehen. Die von Ihnen genannten Punkte sollten wirklich authentisch und glaubwürdig sein, verzichten Sie deshalb
auf „Standardschwächen". Im Kapitel „Die STÄRKen-Strategie" finden
Sie Empfehlungen im Umgang mit Ihren Schwächen.

Fragen:
9. Woran möchten Sie bei sich noch arbeiten? ★★
**10. In welchen Verhaltensweisen sehen Sie bei sich selbst noch
Veränderungs- bzw. Verbesserungsbedarf? ★★**
**11.Welche Tipps würde Ihnen ein wohlwollender Kollege geben,
woran Sie noch an sich arbeiten sollten? ★★**

Intention:
Da mit dem Begriff Schwächen negative Assoziationen einhergehen,
wird die Frage oft neutral oder indirekt formuliert. Ziel ist, dadurch eine offenere, weniger angepasste Aussage zu erzeugen.

Antworthinweis / Argumentationsstrategie:
Die Vorgehensweise ist identisch mit der vorhergehenden direkten Frage nach Ihren Schwächen.

Frage:
12. Wie wirken Sie auf andere? ★★

Intention:
Bei dieser Frage geht es sowohl um die Fähigkeit zur Selbstreflexion als auch um einen gewissen Selbstbild-Fremdbild-Abgleich. Der Gesprächspartner will feststellen, ob Sie einschätzen können, wie Sie von anderen wahrgenommen werden.

Antworthinweis / Argumentationsstrategie:
Bei dieser Frage sollten Sie einige Ihrer Stärken umschreiben. Wenn Sie sich dabei auf das Feedback Dritter beziehen, bringen Sie am besten zum Ausdruck, dass Sie sich mit Ihrem Fremdbild auseinandersetzen.

Tipp	Nennen Sie ruhig auch eine Schwäche, von der Sie der Meinung sind, dass sie für Dritte leicht erkennbar ist. Versehen mit einer Prise Selbstkritik, wirkt die Antwort glaubwürdiger und reflektierter als eine rundum positive Selbstdarstellung.

Innere Befindlichkeit

Frage:
13. Worüber können Sie sich so richtig ärgern? ★★

Intention:
Ärger entsteht immer in einem selbst – indem man Ereignisse wahrnimmt und diese als negativ bewertet. Sind die genannten Anlässe nachvollziehbar oder neigen Sie zur Überbewertung von Kleinigkeiten oder gar zum Neurotizismus?

Antworthinweis / Argumentationsstrategie:
Wenn Sie dieses Thema von sich weisen, würde das unglaubwürdig wirken, denn jeder Mensch erlebt Dinge, worüber er sich ärgert – der eine mehr, der andere weniger. Beschränken Sie sich auf ein bis zwei Punkte

und halten Sie Ihre Antwort relativ kurz. Sie könnten sich wegen eines Fehlers, wie zum Beispiel eine verpatzte Präsentation, über sich selbst geärgert haben. Denkbar wäre aber auch, ein relativ unverfängliches allgemeines Thema zu nennen, zum Beispiel:

- sorgloser Umgang mit Lebensmitteln, während Menschen in anderen Ländern verhungern
- Steuergelder, die leichtfertig für Nutzloses ausgegeben werden
- teure Autoreparatur aufgrund eines Bagatellschadens
- Ausfall der EDV

Bringen Sie keine Punkte ins Spiel, die im Unternehmen bzw. in der Branche als Reizwort gelten oder zu denen der Arbeitgeber eine vollkommen konträre Position haben könnte. Meiden Sie sehr umstrittene, etwa politische Themen – ein Jobinterview ist eine denkbar ungünstige Plattform für politische Diskussionen oder Gerechtigkeitsdebatten.

Frage:
14. Was müsste passieren, dass Sie einmal die Contenance verlieren?
★★

Intention:
Jeder Mensch ist reizbar. Es ist die Frage, wo sich die individuelle Grenze befindet, die das Fass zum Überlaufen bringt. Die Frage zielt in eine ähnliche Richtung ab wie die vorhergehende. Allerdings muss Verärgerung noch nicht unbedingt nach außen hin erkennbar sein, wogegen dies beim Verlust der Contenance durchaus der Fall ist.

Antworthinweis / Argumentationsstrategie:
Gerade bei Positionen mit hohem Kundenkontakt, aber auch mit Führungsverantwortung sollte die Reizschwelle relativ hoch angesiedelt sein. Dennoch sollten Sie auch bei dieser Frage ein bis zwei Punkte nennen können, um nicht unglaubwürdig oder vollkommen unnahbar zu wirken. Denken Sie etwa an grobe persönliche Beleidigungen und Unverschämtheiten im Straßenverkehr.

Frage:

15. Was bereitet Ihnen Sorgen? ★★

Intention:
Ähnlich wie bei Frage 13 geht es darum, wie Sie bestimmte Ereignisse bewerten.

Antworthinweis / Argumentationsstrategie:
Beschränken Sie sich auf ein bis zwei Aspekte aus dem weltpolitischen Geschehen, von denen man erwarten kann, dass Ihnen viele Menschen zustimmen würden, zum Beispiel:

- Schulden- und Finanzkrise
- Klimaerwärmung
- ggf. aktueller Krisenherd

Tipp

> Halten Sie die Antworten relativ kurz und vermeiden Sie den Eindruck, dass Sie dieses Problem sehr stark belastet. Nutzen Sie Formulierungen wie „Ich mache mir Gedanken über …" oder „Nachdenklich stimmt mich …", um nicht zu pessimistisch zu klingen.

Ziele

Fragen:

16. Was ist Ihr berufliches Ziel? ★★
17. Wie würde Ihre berufliche Entwicklung im Idealfall verlaufen? ★★★

Intention:
Sind Sie sich Ihrer beruflichen Ziele bewusst und in der Lage diese konkret zu benennen? Ist Ihr Karriereziel realistisch und passt es zu den Vorstellungen Ihres Arbeitgebers? Haben Sie hinsichtlich Ihrer langfristigen Perspektive zumindest eine gewisse Vorstellung?

Antworthinweis / Argumentationsstrategie:
Zeigen Sie auf, wie Sie sich Ihre berufliche Zukunft vorstellen. Beantworten Sie die Frage am besten differenziert, unterscheiden Sie etwa nach kurz-, mittel- und langfristigen Zielen:

- Erläutern Sie Ihr kurzfristiges Ziel möglichst konkret. Je nach Anlass dient auch Ihre Interviewteilnahme der Erreichung eines bestimmten Zieles. Also könnte Ihr kurzfristiges Ziel beispielsweise in der Qualifizierung für eine bestimmte Hierarchieebene oder in der Übernahme einer bestimmten Position liegen.
- Mittelfristig könnten Sie darauf eingehen, wie Sie Ihren Verantwortungsbereich weiterentwickeln möchten, zum Beispiel durch eine Umsatzsteigerung oder eine Produktinnovation. Denkbar ist auch, auf die eigene Weiterentwicklung einzugehen. Stellen Sie dar, in welchen Bereichen Sie noch mehr Erfahrung sammeln möchten und welche Fähigkeiten oder Qualifikationen Sie ausbauen wollen.
- Was die langfristige Perspektive betrifft, so erwarten Interviewer hier sicher keine so konkreten Aussagen wie für die nähere Zukunft. In den meisten Fällen ist es ja auch unrealistisch, zum heutigen Zeitpunkt genau zu planen, welche Position man in zehn Jahren innehaben wird. Dennoch sollten Sie eine Vorstellung davon haben, welche Entwicklung für Sie im Bereich des Möglichen und zugleich Erstrebenswerten liegt. Achten Sie darauf, dass Ihre Zielsetzung insgesamt zu der von Ihnen dargestellten Motivation für die Position (siehe Fragen 26–30), aber ebenso zu den Rahmenbedingungen des Arbeitgebers passt. Handelt es sich um eine Führungsaufgabe oder Expertenfunktion? Ist der Arbeitgeber ein Großkonzern oder ein Mittelständler? Auch dies sollten Sie bei der Ausrichtung Ihrer Antwort berücksichtigen.

Geben Sie sich auch mit kleinen Schritten zufrieden oder streben Sie einen zügigen hierarchischen Aufstieg an? Entwerfen Sie hier keine Szenarien, mit denen Sie sich nicht identifizieren können.

Beispiel

Kandidatin Carmen Schäfer: „Mein kurzfristiges Ziel ist natürlich, dieses Potenzialbestätigungsverfahren zu bestehen und mich damit für die Teamleiterebene zu qualifizieren. Ich möchte innerhalb der nächsten zwölf Monate eine Teamleiterposition übernehmen, idealerweise im Marketing-Umfeld. Später würde ich gerne meine Führungserfahrung an einem ausländischen Standort erweitern."

Fragen:
18. Was soll in fünf Jahren über Sie in unserer Firmenzeitung stehen?
★★★
19. Wo möchten Sie in zehn Jahren stehen? ★★★

Intention:
Hat der Kandidat auch eine Vorstellung von seiner mittel- bis langfristigen beruflichen Perspektive? Ist diese realistisch und passt sie zu den Vorstellungen des Unternehmens?

Antworthinweis/Argumentationsstrategie:
Verfallen Sie nicht in Panik, nur weil der Interviewer nach Ihrem Zehn-Jahres-Ziel fragt. Im Berufsleben handelt es sich natürlich um eine ausgesprochen lange Zeitspanne, in der sich enorm viel verändern kann. Daher erwartet hier auch niemand eine präzise Ziel- oder Positionsbeschreibung. Bedenken Sie: Je kurzfristiger, desto konkreter muss Ihr Ziel definiert sein. Und: Je langfristiger, desto allgemeiner kann es gehalten sein. Bei der Zehn-Jahres-Frage reicht es, eine grobe Vorstellung zu skizzieren, was für Sie denkbar wäre. Ich empfehle Ihnen, die Antwort nach dem Muster der vorhergehenden Fragen (16 und 17) in kurz-, mittel- und langfristige Aspekte aufzubauen.

Fragen:
20. Wie würde Ihre Zukunft idealerweise aussehen? ★★
21. Was sind Ihre ganz persönlichen Lebensziele? ★★
22. Was ist Ihre Vision? ★★★
23. Welchen Lebenstraum möchten Sie verwirklichen? ★★★

Intention:
Welche persönlichen Ziele verfolgt der Kandidat noch? Passen diese zum dargestellten beruflichen Ziel? Begründet sich der Selbstwert des Kandidaten ausschließlich auf seinen beruflichen Erfolgen oder gibt es auch ein privates Umfeld, das ihn trägt?

Antworthinweis/Argumentationsstrategie:
Zeigen Sie sowohl Ihre beruflichen als auch Ihre privaten Ziele auf. Auch wenn größtes berufliches Engagement erwartet wird, so sehen es doch die meisten Arbeitgeber heutzutage sehr gerne, wenn ein Bewerber überdies in den anderen Lebensbereichen sinnvolle Ziele benennen kann. Achten Sie darauf, dass Ihre Darstellung insgesamt stimmig ist und sich Ihre Ziele nicht widersprechen. Sie können hier eventuell auch den bei den Fragen 63 und 64 aufgezeigten Ansatz einbeziehen.

24. Stellen Sie sich vor, Zeit und Geld würden keine Rolle mehr spielen: Womit würden Sie sich dann beschäftigen? ★★★

25. Angenommen, Sie gewinnen fünf Millionen im Lotto. Inwiefern würde sich Ihr Leben ändern? ★★★

Intention:

Zum einen geht es dem Interviewpartner um die Aspekte Beständigkeit, Zufriedenheit und Reife: Wie verlässlich und beständig wirkt der Kandidat in Bezug auf seine Ziele? Steht er zu seinem Lebensentwurf oder handelt es sich dabei nur um eine Notlösung? Hinzu kommen die Punkte Ehrlichkeit und Glaubwürdigkeit: Wer sich bei dem Gedanken an finanzielle Freiheit vollkommen unbeeindruckt gibt und allzu altruistisch reagiert, läuft Gefahr, unglaubwürdig zu wirken.

Antworthinweis / Argumentationsstrategie:

Auf viele Menschen übt es einen Reiz aus, unter der Voraussetzung finanzieller Freiheit nichts mehr zu tun und sich ausschließlich privaten Annehmlichkeiten zu widmen oder beruflich eine ganz andere Richtung einzuschlagen. Sollte dies tatsächlich Ihrer Überzeugung entsprechen, würden Sie sich mit einer dementsprechenden Antwort keinen Gefallen erweisen. Schnell könnte der Eindruck entstehen, dass es mit den von Ihnen proklamierten Zielen nicht weit her ist, Sie mit Ihrer aktuellen Situation unzufrieden sind oder bei entsprechenden materiellen Anreizen einem Arbeitgeber sehr schnell den Rücken kehren würden.

Bringen Sie zum Ausdruck, dass Sie Ihrem Beruf bzw. Ihrer Berufung treu bleiben würden, da es sich um einen wichtigen Teil Ihres Lebensentwurfs handelt, aber geben Sie sich nicht zu altruistisch. Ein Lottogewinn von fünf Millionen würde Ihnen viele Annehmlichkeiten ermöglichen. Zeigen Sie deshalb ganz konkrete Dinge auf, die Sie sich nun zusätzlich gönnen könnten – ohne damit Ihre berufliche Laufbahn in Frage zu stellen.

Kandidat Ralf Hildebrand: „Mit einem Lottogewinn in dieser Höhe würde ich mir und meiner Frau unseren langgehegten Traum von einem Haus in der Toskana und einer Weltreise erfüllen und das übrige Geld gut anlegen, um ein Polster fürs Alter zu haben und meinen Kindern ein Studium

Beispiel

ihrer Wahl finanzieren zu können. Darüber hinaus würde ich an meinem Alltag wenig ändern wollen. Mein Beruf ist nach wie vor mein Traumberuf und erfüllt mich."

Motivation für die Position

Fragen:
26. Was interessiert Sie an der Position als …? ★★
27. Warum haben Sie sich für diese Aufgabe / Stelle beworben? ★★
28. Weshalb möchten Sie für unser Unternehmen arbeiten? ★★
29. Was versprechen Sie sich von dieser Position? ★★
30. Was genau reizt Sie an der neuen Aufgabe? ★★

Intention:
Gelingt es dem Kandidaten, echtes Interesse am Aufgabenspektrum der zu besetzenden Position zu vermitteln und kann er dies glaubhaft begründen? Oder spielen andere Motive für ihn eine wichtigere Rolle?

Antworthinweis / Argumentationsstrategie:
Ihr zentrales Motiv muss sich aus dem Aufgabenspektrum der Zielposition erschließen. Zeigen Sie auf, dass die Kombination bestimmter Tätigkeiten und Themen die Position für Sie besonders attraktiv macht. Orientieren Sie sich an den Empfehlungen im Kapitel „Motivation für die Position: Ihre persönliche Argumentationsstrategie" ab S. 43, dort finden Sie weiterführende Strategien mit entsprechenden Beispielen.

Fragen:
31. Warum möchten Sie wechseln? ★★
32. Weshalb möchten Sie Ihren derzeitigen Arbeitgeber verlassen? ★★

Intention:
Mit dieser Frage müssen Sie auf jeden Fall bei einer externen Bewerbung rechnen. Man möchte herausfinden, ob die Bewerbung eher „weg von" oder „hin zu" motiviert ist und ob Sie Ihren Veränderungswunsch plausibel begründen können.

Antworthinweis / Argumentationsstrategie:
Vermitteln Sie den Eindruck eines Hin-zu-orientierten-Bewerbers, indem Sie aufzeigen, welchen Mehrwert Ihnen das Aufgabenspektrum der Zielposition im Vergleich zu Ihrer aktuellen Tätigkeit bietet. Lassen Sie keinen Zweifel an der Loyalität gegenüber Ihrem jetzigen Arbeitgeber und üben Sie keine Kritik. Gehen Sie auf Schwierigkeiten Ihres Arbeitgebers wirklich nur dann ein, wenn diese bereits publik sind, wie zum Beispiel bei einer bevorstehenden Schließung oder einem angekündigten Personalabbau. Im Kapitel „Motivation für die Position: Ihre persönliche Argumentationsstrategie" finden Sie unter der Rubrik „Die Change-Strategie" (S. 46) weitere Tipps zur Vorgehensweise.

Leistungsmotivation allgemein

Fragen:
33. Was treibt Sie an? ★★
34. Was treibt Sie morgens aus dem Bett? ★★★

Intention:
Die Frage zielt auf die allgemeine Leistungsmotivation ab. Wirkt der Kandidat intrinsisch motiviert?

Antworthinweis / Argumentationsstrategie:
Durch Ihre Antwort sollte Ihre hohe intrinsische Motivation zum Ausdruck kommen, also die Motivation, die aus Ihrem inneren Antrieb geschieht. Natürlich gibt es bestimmt auch mal Tage, an denen Sie rein gar nichts aus dem Bett treibt, aber darauf sollten Sie selbstverständlich nicht eingehen. Präsentieren Sie sich als engagierter, leistungsorientierter Mitarbeiter, dem seine Aufgabe Spaß macht.

Kandidatin Carmen Schäfer: „Die Freude an meiner Arbeit und das Bedürfnis, etwas voranzubringen und die Chance, meine Lebensumstände selbst zu gestalten, treiben mich an."

Beispiel

Kandidat Ralf Hildebrand: „Was mich morgens aus dem Bett treibt, ist die Gewissheit, dass jeden Tag spannende Aufgaben und hoffentlich neue Lernerfahrungen auf mich warten."

Frage:

35. Was spornt Sie am meisten zur Arbeit an: Ehrgeiz, Selbstverwirklichung, Geld, Karriere oder Anerkennung? ★★

Intention:

Es geht darum herauszufinden, ob Sie eher intrinsisch oder extrinsisch motiviert sind und welche persönlichen Anspornfaktoren für Sie wichtig sind.

Antworthinweis / Argumentationsstrategie:

Auch wenn die Frage bestimmte Auswahlmöglichkeiten vorgibt, ist es geschickter, eine eigene Antwort zu formulieren und dabei verschiedene Aspekte einzubeziehen, als sich auf einen einzigen Punkt festzulegen. Am überzeugendsten ist es, einen Mix aus verschiedenen Anspornfaktoren bzw. Motivatoren zu liefern, wobei der Schwerpunkt auf den immateriellen Anreizen liegen sollte, zum Beispiel:

• das Erreichen anspruchsvoller Ziele
• die Freude über gute Arbeitsergebnisse
• das Gefühl, etwas bewegen zu können / einen wichtigen Beitrag zu leisten
• herausfordernde Aufgaben
• ehrlich gemeintes Lob / Wertschätzung für gute Leistungen

Frage:

36. Über welche Art von Anerkennung freuen Sie sich besonders? ★

Intention:

Diese Frage zielt auf das Thema „materielle versus immaterielle Orientierung" ab und soll sichtbar machen, welche Art von Anerkennung Ihnen am wichtigsten ist.

Antworthinweis / Argumentationsstrategie:

Stellen Sie hier immaterielle Anerkennung in den Mittelpunkt, wie:

• ehrlich gemeintes Lob / Wertschätzung guter Leistung durch den Vorgesetzten
• positives Feedback von Kunden / Geschäftspartnern

• Vertrauensbeweis durch den Vorgesetzen, zum Beispiel durch Übertragung einer besonders sensiblen Aufgabe

Frage:
37. Was motiviert Sie, was demotiviert Sie? ★

Intention:
Bei dieser Frage geht es ebenfalls um Ihre Leistungsmotivation, und zwar unter Einbeziehung des Aspektes Demotivation.

Antworthinweis / Argumentationsstrategie:
Bei Ihrer Antwort zum Teilaspekt „Was motiviert Sie?" können Sie sich an den beiden vorhergehenden Fragen orientieren. Nennen Sie zum Thema der Demotivation zwei bis drei Punkte, die Sie als negativ empfinden. Es bietet sich an, Punkte zu wählen, mit denen Sie die eigene Leistungsbereitschaft unterstreichen oder mit denen Sie als Führungskraft indirekt zum Ausdruck bringen, welche Demotivatoren Sie im Umgang mit Ihren Mitarbeitern vermeiden (siehe auch Frage 140).

Geeignete Antworten sind:
• unnötig lange Entscheidungsprozesse
• unklare Zielrichtung
• ausbleibende Rückmeldung / keinerlei Feedback zur eigenen Arbeit

Tipp

Frage:
38. Wofür arbeiten Sie? ★★

Intention:
Hierbei handelt es sich um eine sehr tiefgründige Frage, die sowohl zu Einblicken in die Motivationsstruktur als auch in das Werteverständnis eines Kandidaten führen kann.

Antworthinweis / Argumentationsstrategie:
Vermeiden Sie extreme Antworten nach dem Motto: „Ich lebe, um zu arbeiten". Umgekehrt sollten Sie aber ebenso den Eindruck vermeiden, Arbeit sei für Sie nur das Mittel zum Zweck, um sich ein schönes Leben leisten zu können. Es bietet sich deshalb an, die folgen-

den Aspekte miteinander zu verknüpfen und diese allesamt als wichtig zu bewerten:

- Einkommenserwerb
- Spaß an der Tätigkeit
- Selbstverwirklichung / Erfüllung durch die Aufgabe

Beispiel

Kandidat Ralf Hildebrand: „Ich arbeite natürlich dafür, um meiner Familie und mir einen guten Lebensstandard zu ermöglichen, das ist aber nur die eine Seite. Arbeit bedeutet für mich mehr als Einkommenserwerb. Es ist mir sehr wichtig, eine Funktion auszufüllen, die mich fordert, in der ich voll aufgehen und in der ich etwas bewirken kann. Wichtig ist mir dabei aber auch der Spaß, meine Aufgabe macht mir Freude und das ist für mich ganz entscheidend. Ich sehe meinen Beruf als eine Art Berufung und als ein Stück Selbstverwirklichung.“

Erfahrungen

Fragen:
39. Was waren für Sie die wichtigsten Meilensteine Ihres bisherigen Werdegangs? ★
40. Was waren für Sie prägende Ereignisse? ★★

Intention:
Welche Stationen oder Ereignisse seines (beruflichen) Lebens empfand der Kandidat als bedeutsam für seine Entwicklung? Kann er dies begründen? Ist er in der Lage, seine Antwort aussagekräftig und zugleich kompakt auf den Punkt zu bringen?

Antworthinweis / Argumentationsstrategie:
Wenn Sie nach Meilensteinen auf Ihrem Werdegang gefragt werden, sollten Sie nun nicht Ihren ganzen Lebenslauf erzählen. Stellen Sie vielmehr kurz die Ereignisse oder Stationen heraus, die prägend für Ihre (berufliche) Entwicklung waren. An welchen Aufgaben sind Sie gewachsen? Für welche Erfahrungen sind Sie dankbar? Welche entscheidenden Weichenstellungen haben letztendlich dazu geführt, dass Sie sich jetzt genau an dieser Stelle befinden? Um den Eindruck einer selbstbestimmten Persönlichkeit zu vermitteln, sollten Sie Erfahrungen

aufzeigen, in denen Sie proaktiv gehandelt oder eine Veränderung initiiert haben. Zwei bis vier Meilensteine sind recht gut darstellbar – wenn Sie zu viele prägende Ereignisse anführen, könnte dies inflationär wirken und Ihr Profil verwässern.

Frage:
41. Was heißt für Sie Erfolg? ★

Intention:
Mit dieser Frage möchte man Ihre persönliche Definition von Erfolg kennenlernen.

Antworthinweis / Argumentationsstrategie:
Anstatt mit Schlagwörtern wie „Karriere" oder „Einkommen" zu reagieren, sollten Sie Ihr Verständnis von Erfolg aufzeigen. Erfolg könnte zum Beispiel bedeuten, ein anspruchsvolles selbstgestecktes Ziel zu erreichen oder sogar zu übertreffen.

Fragen:
42. Auf welche Erfolge sind Sie stolz? ★★
43. Was waren bisher Ihre größten Erfolge? ★★
44. Auf welche Ergebnisse sind Sie besonders stolz? ★★
45. Auf welche Leistungen in den letzten zwölf Monaten sind Sie besonders stolz? ★★
46. Worauf in Ihrem Leben sind Sie wirklich stolz? ★★

Intention:
Was hat der Kandidat bisher geleistet? Welche Leistungen hält er für erwähnenswert?

Antworthinweis / Argumentationsstrategie:
Als persönlichen Erfolg können Sie ein bestimmtes Ziel darstellen, auf dessen Erreichen Sie stolz sind. Zeigen Sie auf, mit welchen Herausforderungen oder Anstrengungen die Umsetzung verbunden war, und wie Sie dabei vorgegangen sind. Wird nach Erfolgen, Ergebnissen oder Leistungen gefragt, sollten Sie mit Beispielen aus Ihrem Berufsleben arbeiten. Stehen Sie am Beginn der beruflichen Laufbahn, dann wählen Sie Ereignisse aus Ihrem Studium bzw. der Ausbildung. Erfolge müssen keinesfalls übertrieben dargestellt werden. Viel wichtiger ist es, den eige-

nen Beitrag zur Bewältigung einer anspruchsvollen Aufgabe sichtbar zu machen. Bei der Frage „Worauf in Ihrem Leben sind Sie wirklich stolz?" können Sie natürlich Privates miteinbeziehen, wie zum Beispiel eine intakte Familie, Kinder usw.

Fragen:
47. Mit welchen Misserfolgen haben Sie sich auseinandergesetzt?
★★★
48. Was war Ihr letzter großer Fehler? ★★★
49. Was war Ihre letzte Niederlage? ★★★

Intention:
Setzt sich der Kandidat auch selbstkritisch mit seinen Fehlern auseinander und übernimmt er die Verantwortung dafür, wenn es einmal nicht so gut läuft? Auch bei den Fragen nach sogenannten Misserfolgen möchten die Interviewer etwas über Ihren Umgang mit weniger guten Ergebnissen herausfinden. Wie ist es um Ihre persönliche Fehlerkultur bestellt? Können Sie nachvollziehen, woran Sie bei einer bestimmten Aufgabe gescheitert sind? Was haben Sie daraus gelernt und was würden Sie beim nächsten Mal besser machen?

Antworthinweis/Argumentationsstrategie:
Eigene Fehler und Pannen einzugestehen, ist keinesfalls eine Schwäche, sondern vielmehr eine Stärke. Wählen Sie ein Beispiel aus, bei dem Sie das gesteckte Ziel nicht erreicht haben oder einen Rückschlag hinnehmen mussten. Wichtig ist dabei, die Verantwortung für das unbefriedigende Ergebnis sich selbst – und nicht höherer Gewalt oder gar anderen Beteiligten – zuzuschreiben. Zeigen Sie auf, was Sie aus der Situation gelernt haben und wie Sie beim nächsten Mal vorgehen würden.

Beispiel

Kandidatin Carmen Schäfer: „Um Interessenten für unser neues Trainee-Programm zu gewinnen, haben wir einen Blog ins Leben gerufen, der das Unternehmen und die Ausbildungsinhalte vorstellen sollte. Wir wollten damit verstärkt die Zielgruppe internetaffiner Jugendlicher ansprechen, die man mit den klassischen Absolventenmessen nicht immer gut erreicht. Zusammen mit unserer Personalmarketing-Agentur bin ich auf die Idee gekommen, gut etablierten Bloggern mit affinen Themen Angebote für eine Kooperation zu unterbreiten: Hinweis auf unseren Blog und Verlinkung gegen Bezahlung. Unsere Personalabteilung, die für die Projekt-

*leitung zuständig war, gab ihr Einverständnis. Als jedoch unsere Presse-
abteilung Wind davon bekam, war man dort alles andere als erfreut und
machte mir klar, dass wir uns durch diese Anfragen die Chance auf kos-
tenlose PR genommen hatten. Hätte ich im Vorfeld daran gedacht, auch
die Presseabteilung mit einzubeziehen, hätten wir unsere Maßnahmen
besser abstimmen können und wären sicher noch erfolgreicher mit dem
Blog gewesen."*

Frage:

**50. Wenn Sie die Zeit noch einmal zurückdrehen könnten: Was
würden Sie dann anders machen? ★★**

Intention:

Hier steht die Zufriedenheit mit dem eigenen Lebensentwurf auf dem
Prüfstand. Ist der Kandidat grundsätzlich von der Richtigkeit des von
ihm eingeschlagenen Weges überzeugt? Neigt er dazu, verpassten Chancen nachzutrauern, oder stellt er gar die Sinnhaftigkeit seiner bisherigen
Entwicklung in Frage?

Antworthinweis / Argumentationsstrategie:

Beziehen Sie die Frage auf Ihr Berufsleben. Bringen Sie zum Ausdruck,
dass Sie mit Ihrem Werdegang insgesamt zufrieden sind und wichtige
Weichenstellungen noch einmal genauso vornehmen würden. Selbstverständlich können Sie einräumen, dass Sie bestimmte Dinge aus der
Retrospektive ein wenig anders angehen würden, ohne damit die grundlegende Ausrichtung in Frage zu stellen, zum Beispiel noch früher eine
weitere Fremdsprache zu lernen oder eine bestimmte Zusatzqualifikation zu erwerben.

Frage:

**51. Welche Personen haben Sie beruflich beeinflusst bzw. geprägt?
★★★**

Intention:

Hinter dieser Frage können sich unterschiedliche Intentionen verbergen:

- Kompetenzerwerb durch und von einem „Lehrmeister": Sind Sie sich
  darüber bewusst, welche Vorgehensweisen, Methoden oder Kompe-

tenzen Sie von einem bestimmten „Lehrmeister" übernommen und verinnerlicht haben, und welche davon maßgeblich zu Ihrem beruflichen Erfolg beigetragen haben?

- Prägung aufgrund negativer Erlebnisse: Gab es womöglich prägende negative Erlebnisse, die Sie stark beeinflusst haben, zum Beispiel das Verhalten eines ehemaligen Vorgesetzten als abschreckendes Beispiel?
- Rückschlüsse auf die Persönlichkeit: Manche Interviewer versuchen, mit dieser Frage Rückschlüsse auf die Persönlichkeitsmerkmale eines Kandidaten zu ziehen. Dabei wird unterstellt, dass man Personen als bedeutsam und prägend einschätzt, die einem besonders ähnlich sind. In diesem Zusammenhang wird oft hinterfragt, was diese Person besonders kennzeichnet oder wie sich diese Person in bestimmten Situationen verhält.

Antworthinweis / Argumentationsstrategie:
Nennen Sie eine oder mehrere Personen, die im positiven Sinne Einfluss auf Ihre Entwicklung hatten, zum Beispiel bestimmte Vorgesetzte, Kollegen oder Ausbilder. Zeigen Sie auf, inwiefern Sie die Zusammenarbeit oder Begegnung mit diesen Personen geprägt hat. Was waren die wichtigen Impulse, Schlüsselerfahrungen oder Erkenntnisse?

Tipp	Machen Sie sich bewusst, welche Einstellungen und Werte Sie mit der jeweiligen Person teilen. Vermutlich gab es auch negative Erlebnisse, die Sie als prägend empfanden. Verzichten Sie besser auf deren Darstellung.

Fragen:
52. Was bereitete Ihnen in Ihrer aktuellen Position am meisten Stress? ★★★
53. Welche Situationen verursachen bei Ihnen Stress? ★★

Intention:

- Umgang mit Stress: Hier geht es darum etwas über Ihre Stressverursacher, Stressresistenz und Stressbewältigungsstrategien herauszufinden.
- Ehrlichkeit / Glaubwürdigkeit: Jeder Mensch erlebt Situationen, die ihn stressen. Insofern können die Fragen zusätzlich darauf abzielen, die Aufrichtigkeit eines Kandidaten hinsichtlich seiner Selbstaus-

künfte einzuschätzen. Wer das Thema Stress von sich weist, wirkt unglaubwürdig.

Antworthinweis / Argumentationsstrategie:
Schildern Sie eine herausfordernde berufliche Situation, in der Sie unter Stress geraten sind. Wählen Sie dafür eine Begebenheit außerhalb des Routinebetriebes aus – denn dem Routinebetrieb sollten Sie natürlich möglichst souverän gewachsen sein. Geeignet sind Aufgaben, bei denen die Anforderungen überdurchschnittlich hoch waren oder bei denen Sie außerhalb Ihres gewohnten Aufgabengebietes agieren mussten – Beispiele sind die Bewältigung eines Zusatzauftrages unter extrem hohem Zeitdruck und eine knifflige Präsentation vor einer sehr kritischen Zielgruppe. Arbeiten Sie dabei mit einer konkreten, erlebten Situation und zeigen Sie auf, wie Sie damit umgegangen sind.

Frage:
54. Was waren die größten Herausforderungen, denen Sie sich bisher in Ihrem Berufsleben stellen mussten? ★★

Intention:
Ziel ist es, herauszufinden, welche Situationen Sie als herausfordernd bewerten und warum. Und mit welchen erfolgskritischen Situationen mussten Sie sich auseinandersetzen und wie haben Sie sie gelöst?

Antworthinweis / Argumentationsstrategie:
Bei der Beantwortung können Sie ähnlich vorgehen wie bei den Fragen zum Stress. Allerdings müssen Herausforderungen nicht zwangsläufig mit dem Thema Stress verknüpft werden. Sie könnten punktuelle Herausforderungen nennen, wie etwa eine extrem wichtige Präsentation, eine besonders knifflige Verhandlungssituation mit einem Geschäftspartner oder eine anspruchsvolle Führungssituation. Ebenso können Sie länger andauernde Herausforderungen beschreiben: ein umfangreiches Projekt, strukturelle Veränderungen in Ihrem Verantwortungsbereich oder die Übernahme eines schwierigen Aufgabengebietes.

Werte / Identifikation / Integrität

Fragen:
55. **Was sind Ihre Werte?** ★★
56. **Wonach richten Sie Ihr Handeln aus?** ★★
57. **Was erwarten Sie von Ihren Mitmenschen?** ★★
58. **Was stört Sie an Ihren Mitmenschen?** ★★

Intention:
Sind dem Kandidaten seine eigenen Werte und Handlungsmaßstäbe bewusst? Wonach richtet er sein Handeln und seine Entscheidungen aus? Existiert eventuell ein Zielkonflikt zwischen den Werten des Kandidaten und den Unternehmenswerten? Bei den beiden letzten Fragen handelt es sich um projektive Fragestellungen, die eingesetzt werden, um weniger angepasste Antworten zu erhalten. Denn sehr viele Menschen übertragen ihre eigenen Maßstäbe unbewusst auf ihr Umfeld und bringen damit zum Ausdruck, worauf es ihnen ankommt.

Antworthinweis / Argumentationsstrategie:
Werte können zum Beispiel sein:

- Aufrichtigkeit
- Ehrlichkeit
- Effektivität
- Erfolg
- Fairness
- Fleiß
- Geradlinigkeit
- Glaubwürdigkeit
- Hilfsbereitschaft
- Loyalität
- Nachhaltigkeit
- Offenheit
- Professionalität
- Respekt
- Qualität
- Toleranz
- Wertschätzung
- Zuverlässigkeit

Diese Auflistung soll Ihnen nur als Anregung dienen, um welche Werte es sich handeln könnte. Wichtig ist: Wenn Sie sich mit Ihren eigenen Werten ernsthaft auseinandersetzen, könnte dabei eine sehr lange Liste mit Punkten entstehen, die für Sie allesamt wichtig sind. Dabei können einzelne Werte natürlich in einem Zielkonflikt zueinander stehen. Darum:

> Priorisieren Sie Ihre Werte und finden Sie die drei bis fünf Punkte, die für Sie im Berufsleben am wichtigsten sind. Sie sollten auch in der Lage sein, kurz zu erläutern, was Sie unter dem jeweiligen Wert verstehen, und wie Sie ihm gerecht werden wollen.

Tipp

Fragen:
59. Welche Person ist für Sie ein Vorbild? ★★
60. Welche Persönlichkeit beeindruckt Sie? ★★

Intention:
Hierbei handelt es sich wiederum um projektive Fragestellungen, die einen Einblick in das Wertesystem eines Kandidaten ermöglichen sollen. Bestimmte Aussagen über Dritte können gleichzeitig als eine Offenbarung der eigenen Ansprüche und Wertehaltung interpretiert werden.

Antworthinweis/Argumentationsstrategie:
Suchen Sie am besten eine Person aus, die Sie aufgrund ihrer Leistung und ihres Erfolges beeindruckt und mit deren Verhalten und Einstellung Sie sich eindeutig identifizieren können, zum Beispiel ein Unternehmer, Sportler, Wissenschaftler oder Künstler. Abzuraten ist von aktuellen Politikern, da die Bewertung deren Arbeit sehr kontrovers gesehen werden kann. Wenn Sie sich allerdings auf das Feld der Politik begeben möchten, wählen Sie lieber Personen aus, die heute nicht mehr in Amt und Würden sind. Wichtig ist: Begründen Sie, weshalb eine bestimmte Person für Sie ein Vorbild ist. Es muss sich jedoch nicht zwangsläufig um eine Persönlichkeit des öffentlichen Lebens handeln. Gibt es in Ihrem eigenen Umfeld jemanden, den Sie für eine besondere Leistung bewundern, zum Beispiel einen Freund, ein Familienmitglied oder einen Vorgesetzten, dann könnten Sie die Frage damit ebenso beantworten.

Frage:

61. Wenn Sie nicht für unser Unternehmen arbeiten würden, wer wäre dann Ihr Wunscharbeitgeber? ★★★

Intention:
So formuliert, ist diese Frage natürlich nur sinnvoll, wenn sie in einem unternehmensinternen Interview gestellt wird. Es handelt sich um eine hypothetische Frage, bei der es weniger darum geht, konkrete Abwanderungsgedanken aufzudecken. Ziel ist es vielmehr, etwas über das Wertesystem eines Kandidaten, dessen Ziele und wiederum seine Identifikation mit den Unternehmenswerten und -zielen zu erfahren. Wer einen Wunscharbeitgeber auswählt – wenn auch nur hypothetisch –, bringt damit zwangsläufig etwas über seine eigenen Vorstellungen zum Ausdruck.

Antworthinweis / Argumentationsstrategie:
Wählen Sie ein Unternehmen aus, das viele Gemeinsamkeiten zum eigenen Arbeitgeber aufweist. Vorteilhaft sind in diesem Zusammenhang erkennbare Parallelen hinsichtlich der Unternehmenskultur, der Größe und der Struktur. Den erbittertsten Konkurrenten Ihres Arbeitgebers sollten Sie selbstverständlich nicht ins Spiel bringen. Wichtig ist, die Auswahl gut begründen zu können, zum Beispiel mit den interessanten Weiterentwicklungsmöglichkeiten, den hohen Qualitätsansprüchen oder der Möglichkeit, international tätig zu sein. Die von Ihnen angeführten Punkte sollten bei Ihrem jetzigen Arbeitgeber ebenso erfüllt sein. Setzen Sie bei Ihrer Begründung also auf Gemeinsamkeiten, nicht auf Unterschiede.

Tipp

Sollten Sie sich für ein Unternehmen aussprechen, das völlig konträr aufgestellt ist, begeben Sie sich damit in ein gefährliches Fahrwasser: Angenommen, Sie arbeiten aktuell im Unternehmen X mit 5.000 Beschäftigten, das eher konservativ tickt, und wählen das Kreativunternehmen Y mit 20 Mitarbeitern aus, dann wirft Ihre Bewerbung zwangsläufig kritische Fragen auf.

Frage:
62. Welche Bedeutung hat für Sie Geld? ★★

Intention:
Die Antwort kann Aufschluss darüber geben, welchen Stellenwert für Sie der Faktor Geld im Vergleich zu anderen Rahmenbedingungen und zur Attraktivität der Aufgabe einnimmt. Außerdem könnten Sie damit auch eine indirekte Aussage treffen, welchen monetären Wert Sie Ihrer Arbeitsleistung beimessen.
Hinzu kommt der Aspekt „Ehrlichkeit/Glaubwürdigkeit": Da für die meisten Menschen Geld eine wichtige Rolle spielt – hoffentlich nicht die einzige –, laufen Kandidaten, die sich zu altruistisch präsentieren, Gefahr, als unglaubwürdig wahrgenommen zu werden.

Antworthinweis/Argumentationsstrategie:
Bringen Sie zum Ausdruck, dass Geld zwar nicht alles, aber dennoch ein sehr wichtiger Aspekt ist. Spielen Sie das Thema keinesfalls herunter, sondern stellen Sie Ihre Vergütung als die messbare Gegenleistung Ihrer Arbeit dar. Gerade bei einer externen Bewerbung ist es wichtig, selbstbewusst mit dieser Geldfrage umzugehen, um sich bei einer späteren Gehaltsverhandlung nicht selbst den Weg zu verbauen.

Fragen:
63. Was ist Ihnen in Ihrem Leben wirklich wichtig? ★★
64. Wenn Sie in Rente gehen: Auf was möchten Sie mit vollem Stolz zurückblicken? ★★

Intention:
Was schätzt der Kandidat zum momentanen Zeitpunkt als wichtig in seinem Leben ein? Welchen Stellenwert nimmt der Beruf im Vergleich zu anderen Bereichen ein? Das ist der eine Aspekt der Frage – der andere betrifft die Stimmigkeit und Glaubwürdigkeit: Passt die Antwort zu den anderen Aussagen des Kandidaten, zum Beispiel zu seinen Zielen, Motiven und Werten? Ist die Antwort nachvollziehbar in Bezug auf die persönliche Situation? Der Gesprächspartner möchte erkennen können, ob der Beruf eine wichtige Säule für Sie ist, aber doch besser nicht die einzige, die Ihr Selbstbild trägt.

Antworthinweis / Argumentationsstrategie:
Der Beruf ist für viele Menschen eine ganz wichtige Säule ihres Selbstbildes und Selbstwertes. Am Anfang der beruflichen Laufbahn nimmt das Streben nach beruflichem Erfolg meist einen sehr hohen Stellenwert ein. Hat man gerade eine Familie gegründet, rückt eher dieser Lebensbereich in den Mittelpunkt. Mit zunehmendem Lebensalter fokussiert man sich oft auf eine gute körperliche Verfassung und die Gesundheit. Stellen Sie Ihren Beruf als ein wichtiges Thema in Ihrem Leben dar, aber eben nicht als das einzige. Wählen Sie die Gewichtung der Punkte bzw. Lebensbereiche so, dass sie zu Ihrer momentanen Situation passt.

Frage:
65. Was heißt für Sie Loyalität und wo wären die Grenzen Ihrer Loyalität gegenüber Ihrem Vorgesetzten? ★★★

Intention:
Der Interviewer möchte erkennen, dass der Mitarbeiter sowohl gegenüber dem Arbeitgeber als auch gegenüber seinen Vorgesetzten die höchstmögliche Loyalität zeigt. Von einigen Institutionen abgesehen, wünscht man sich aber ebenso den Mitarbeiter, der über das notwendige Maß an Unabhängigkeit verfügt und vor Missständen nicht die Augen verschließt.

Antworthinweis / Argumentationsstrategie:
Zu einem loyalen Verhalten zählen die Verschwiegenheit über Interna, alles zu vermeiden, was dem Arbeitgeber schaden könnte, nicht über Vorgesetzte oder das Unternehmen zu lästern und den guten Ruf des Unternehmens nach außen hin zu verteidigen.

Tipp

> Zeigen Sie auch auf, in welchen Fällen Sie einem Vorgesetzten gegenüber nicht mehr loyal sein könnten – nämlich dann, wenn dieser selbst durch kriminelle Machenschaften oder einen Compliance-Verstoß dem Arbeitgeber die Loyalität aufgekündigt hätte.

Selbstkompetenz

Frage:
66. Was lesen Sie? ★

Intention:
Die Antwort soll darüber Aufschluss geben, an welchen Themen Sie allgemein interessiert sind und inwieweit Sie sich über die Entwicklung Ihres Fachbereiches und der Branche auf dem Laufenden halten.

Antworthinweis/Argumentationsstrategie:
Zeigen Sie auf, welche Veröffentlichungen Sie regelmäßig lesen, zum Beispiel die Tageszeitung und Fachmagazine, und mit welchen (Fach-)Büchern Sie sich momentan beschäftigen bzw. welche Sie vor kurzem gelesen haben. Sie sollten in diesem Zusammenhang immer die Titel der Bücher nennen können und auf Rückfragen zum Inhalt gefasst sein. Selbstverständlich können Sie am Rande auch auf Literatur eingehen, mit der Sie sich aus privatem Interesse auseinandersetzen, diese sollte aber nicht im Mittelpunkt Ihrer Ausführungen stehen.

Frage:
67. Wann haben Sie sich zum letzten Mal fortgebildet? ★

Intention:
Diese Frage zielt darauf ab, Ihre Lernbereitschaft und Weiterbildungsaffinität einzuschätzen.

Antworthinweis/Argumentationsstrategie:
Sie sollten auf jeden Fall darstellen, dass Sie sich regelmäßig fortbilden, und dazu konkrete Maßnahmen nennen können – am besten Beispiele aus den letzten zwölf Monaten. Vorteilhaft ist es, überdies Weiterbildungsaktivitäten vorzuweisen, die außerhalb Ihrer Arbeitszeit stattfanden und durch Sie selbst initiiert wurden. Beziehen Sie sich dabei ausschließlich auf Weiterbildungsthemen mit beruflicher Relevanz. Das Thema Fortbildung muss keinesfalls auf Präsenzveranstaltungen wie Seminare, Vorträge oder Workshops beschränkt sein. Sie können selbstverständlich auch Webinare, Selbstlernprogramme, Fachliteratur oder TV-Magazine einbeziehen.

Frage:
68. Was waren die Beweggründe für die Weiterbildung/ das Studium XY? ★

Intention:
Mit dieser Frage knüpfen Interviewer gerne an die vorausgegangene Frage an. Angaben in den Bewerbungsunterlagen oder der Personalakte können aber ebenfalls Anlass für diese Frage sein. Natürlich lässt sich damit einerseits das Thema Lernbereitschaft weiter hinterfragen, zum anderen kann die Stimmigkeit in Bezug auf andere Aussagen überprüft werden, etwa zu den Zielen und der Motivation.

Antworthinweis/Argumentationsstrategie:
Zeigen Sie auf, dass Sie sich für die Weiterbildung entschieden haben, um einen bestimmten Mehrwert – den Sie natürlich darstellen können müssen – für Ihre berufliche oder persönliche Weiterbildung zu erzielen. Werden die Beweggründe für Ihr Hauptstudium oder Ihre Berufsausbildung hinterfragt, dann sollten Sie vermitteln, dass es sich dabei um die konsequente Entscheidung zur Realisierung eines bestimmten Berufswunsches handelte. Natürlich sollten auch Ihr Interesse und Ihre Begeisterung für das Thema erkennbar werden.

Frage:
69. Mit welchen Wissensgebieten beschäftigen Sie sich privat? ★

Intention:
Diese Frage zielt darauf ab, Ihre Lernbereitschaft und Weiterbildungsaffinität einzuschätzen.

Antworthinweis/Argumentationsstrategie:
Natürlich können Sie hier die Meeresschildkröten, die spätrömische Geschichte oder die Astrophysik nennen, falls Sie sich damit tatsächlich auseinandersetzen. Sofern es aber bestimmten Themen gibt, die Sie sowohl beruflich als auch privat interessieren, sollten Sie eher darauf eingehen. Vielleicht finden Sie zum Beispiel das Thema Kommunikationstechniken auch persönlich ausgesprochen spannend. Oder Sie tüfteln als Ingenieur in Ihrer Freizeit leidenschaftlich an einer technischen Lösung für ein bestimmtes Problem. Wichtig ist, Ihre Begeisterung ehrlich zu vermitteln.

Fragen:
70. Wie gehen Sie mit Stress um? ★★
71. Wie bauen Sie Stress ab? ★
72. Wie entspannen Sie sich nach einem anstrengenden Arbeitstag? ★

Intention:
Der Interviewer möchte herausfinden, ob Sie über effektive Stressbewältigungsstrategien verfügen und in welchen Situationen Sie diese anwenden. Mitarbeiter in verantwortlichen Positionen, die nicht gelernt haben, Stress abzubauen, sind potenzielle Burnout-Kandidaten.

Antworthinweis / Argumentationsstrategie:
Es sollte erkennbar sein, dass Sie für sich effektive Methoden gefunden haben, die Ihnen helfen, Ihren Stress abzubauen. Der Verweis auf den zweimaligen Urlaub im Jahr reicht dafür allerdings noch nicht aus. Als gute Möglichkeiten des Stressabbaus gelten im Allgemeinen Bewegung und Sport, meditative Techniken und Aktivitäten in der Natur – hier als Anregung einige Beispiele von Stressabbaumethoden:

- Joggen
- Radfahren
- Yoga
- Schwimmen
- Saunieren
- Spazierengehen im Wald
- Autogenes Training
- Musikhören

Sie sollten Ihre persönlichen Stressabbaumethoden aufzeigen können, die sich bei Bedarf zeitnah umsetzen und täglich anwenden lassen.

Tipp

73. **Erinnern Sie sich bitte an ein Tief in Ihrer beruflichen Lauf-bahn: Wie sind Sie damit umgegangen?** ★★★

74. **Was war ein Knick auf Ihrem bisherigen Karriereweg und wie haben Sie diesen verarbeitet?** ★★★

Intention:
Wie geht der Kandidat mit länger anhaltenden Durststrecken um? Ist er in der Lage, sich zu motivieren, wenn es einmal nicht so gut läuft?

Antworthinweis/Argumentationsstrategie:
Zeigen Sie auf, was Sie selbst dazu beigetragen haben, das Tief zu über-winden, und wie es Ihnen gelang, sich in dieser Zeit zu motivieren. Ge-hen Sie auf dieses Thema aber nur ein, wenn es eine Durststrecke gab, die den Fragestellern tatsächlich bekannt ist – also aufgrund des per-sönlichen Kontaktes, Ihrer Bewerbungsunterlagen oder Ihrer Personal-akte. Dies könnte eine Phase der Arbeitslosigkeit, eine hierarchische Rückstufung, die Auflösung Ihres Verantwortungsbereiches oder die Insolvenz Ihres Arbeitgebers sein. Gibt es in Ihrem Werdegang kein sol-ches Tief, dann sagen Sie dies auch so. Räumen Sie ein, dass es natürlich auch in Ihrem Berufsleben schon einmal punktuell Misserfolge oder Rückschläge gegeben hat (siehe Fragen 47–49).

Frage:
75. **Welche Situationen sind Ihnen besonders unangenehm?** ★★★

Intention:
Zwei Aspekte sind von Relevanz:

- Rückschlüsse auf die Persönlichkeit und Eignung für die Position: Klingt es plausibel, dass der Person eine bestimmte Situation unan-genehm ist? Oder deutet die Aussage auf Schwierigkeiten bei erfolgs-kritischen Aufgaben oder gar bei der Erfüllung von Standardanforde-rungen hin?
- Ehrlichkeit und Glaubwürdigkeit: Jeder Mensch erlebt Situationen, die ihm unangenehm sind. Deshalb wirkt jemand, der dies von sich weist, unglaubwürdig.

Antworthinweis / Argumentationsstrategie:
Suchen Sie nach beruflichen Situationen, die nicht alltäglich waren und über die normalen Erwartungen an Sie hinausgingen. Begründen Sie, weswegen diese Situationen für Sie unangenehm waren, zum Beispiel, weil Sie sich sehr unsicher fühlten, bestimmten Anforderungen nicht gerecht wurden, negative Konsequenzen für Sie oder andere eintraten oder Sie vollkommen überrascht wurden. Zeigen Sie auf, wie Sie mit solchen Situationen künftig umgehen werden, auch wenn Ihnen diese weiterhin unangenehm erscheinen.

Kandidat Ralf Hildebrand: „Ich empfinde es als unangenehm, vor meinen Mitarbeitern kritisches Feedback oder unfaire persönliche Angriffe zu erhalten. In solchen Fällen versuche ich, Ruhe zu bewahren, und bitte die kritisierende Person um ein Gespräch unter vier Augen. Ohne Publikum fällt mir eine sachliche Auseinandersetzung mit den angesprochenen Kritikpunkten leichter."

Hintergründe zur Person

Frage:
76. Was machen Sie in Ihrer Freizeit? ★

Intention:
Diese Frage dient dazu, die Person unter dem ganzheitlichen Gesichtspunkt besser einschätzen zu können.

Antworthinweis / Argumentationsstrategie:
Wählen Sie Ihre Freizeitinteressen so aus, dass dadurch möglichst das Bild einer vielseitig interessierten Person entsteht, die sich auch um ihre Fitness kümmert. Ihre Hobbys sollten aber dabei immer authentisch sein, denn ein Interviewer stellt hier – schon aus persönlicher Neugier heraus – vielleicht die eine oder andere Rückfrage. Wenn Motorradfahren oder Bergsteigen nun einmal Ihre große Leidenschaft ist, dann stehen Sie ruhig dazu, auch wenn manche Bewerbungsratgeber glauben machen möchten, man wäre dann automatisch mit dem Etikett „lebender Organspender" gebrandmarkt.

Fragen:

77. Wie halten Sie sich fit? ★

78. Treiben Sie Sport? ★

79. Was tun Sie für Ihren Ausgleich? ★

Intention:

Das Thema körperliche Fitness gewinnt bei den Arbeitgebern immer mehr an Bedeutung. Wer eine verantwortliche Position ausüben möchte, sollte verantwortungsbewusst mit seinem Körper und seiner Gesundheit umgehen. Auch wenn dieser Punkt in der Praxis in vielen Fällen mit dem Terminkalender einer Führungskraft in Konflikt steht, wird ein gewisses Maß an regelmäßiger körperlicher Betätigung erwartet.

Antworthinweis / Argumentationsstrategie:

Zeigen Sie auf, wie Sie Ihren Körper fit halten, selbst wenn es sich dabei nicht um regelmäßige, sondern nur um gelegentliche Aktivitäten handelt. An dieser Stelle können Sie auch das Thema Stressabbau (Frage 70–72) einfließen lassen.

3. Thema „Soziale Kompetenz": typische Fragen, Argumentationsstrategien, Antworten

Zusammenarbeit

Frage:

80. Was sind für Sie die Voraussetzungen für gute Zusammenarbeit? ★

Antworthinweis / Argumentationsstrategie:

Wichtige Voraussetzungen, die Sie im Gespräch ausführlicher erläutern sollten, sind:

- Offenheit
- Wertschätzung

- Respekt
- Verständnis
- Vertrauen

Frage:
81. Wie gehen Sie damit um, wenn Sie mit einem Kollegen, den Sie unsympathisch finden, zusammenarbeiten müssen? ★★

Antworthinweis / Argumentationsstrategie:
Zeigen Sie auf, dass Sie trotz persönlicher Vorbehalte mit dem Kollegen genauso professionell zusammenarbeiten werden, wie mit einer Person, die Ihnen sympathisch ist. Bringen Sie zudem zum Ausdruck, dass Sie hinterfragen werden, weswegen Ihnen der Kollege unsympathisch erscheint. Eine persönliche Abneigung kann auch aus unbegründeten Vorurteilen oder oberflächlichen Eindrücken resultieren.

Frage:
82. Wie verhalten Sie sich bei einer Meinungsverschiedenheit mit einem Kollegen? ★★

Antworthinweis / Argumentationsstrategie:
Bringen Sie zum Ausdruck, dass Ihnen daran gelegen ist, die Meinungsverschiedenheit im Dialog sachlich zu klären. Hilfreich ist es, die Sichtweise, Motive und Ziele des Kollegen zu kennen und sich gedanklich in die Gegenposition hineinzuversetzen.

Frage:
83. Wie haben Sie eine Konfliktsituation, in die Sie involviert waren, gelöst? ★★★

Antworthinweis / Argumentationsstrategie:
Wählen Sie eine konkrete berufliche Konfliktsituation mit einem Kollegen aus und zeigen Sie auf, wie Sie sie erfolgreich gelöst haben.

Kandidatin Carmen Schäfer: „Kürzlich hatte ich eine Auseinandersetzung mit einer Kollegin, die zu einem hohen Mitteilungsbedürfnis neigt. Ich war ohnehin angespannt und in großer Zeitnot, da der Messestand, den ich zu organisieren hatte, kurzfristig neuen Gegebenheiten angepasst werden musste. Als sie mir dann mit Details ihrer letzten Shopping-Tour kam, war

Beispiel

ich kurz davor, an die Decke zu gehen, und beförderte sie recht unsanft aus meinem Büro. Am nächsten Morgen entschuldigte ich mich und bat sie um ein Gespräch unter vier Augen, bei dem ich ihr meine heftige Reaktion erklärte und gleichzeitig vorschlug, Privatgespräche zukünftig lieber in einer gemeinsamen Mittagspause zu führen."

Frage:
84. Wie gehen Sie mit Kritik um? ★★

Antworthinweis / Argumentationsstrategie:
Sachliche Kritik sollte man grundsätzlich als nützliches Instrument be-trachten, das einem dabei hilft, Sachverhalte aus einer anderen Perspektive zu beleuchten, Schwachstellen zu identifizieren und eventuell Verhaltensweisen zu optimieren. Zeigen Sie deshalb auf, dass Sie konstruktiver Kritik gegenüber offen sind und sich damit auseinandersetzen.

Frage:
85. Was verstehen Sie unter Teamarbeit? ★★

Antworthinweis / Argumentationsstrategie:
Bei der Beantwortung können Sie auf verschiedene Aspekte eingehen:

- Definition: Mitarbeiter sind nicht nur in einer Einheit organisatorisch zusammengefasst, sondern teilen darüber hinaus ein gemeinsames Ziel und arbeiten zur Erreichung eines Gesamtergebnisses zusammen
- Voraussetzungen:
  – Identifikation der Teammitglieder mit dem gemeinsamen Ziel
  – Bereitschaft zu aktiver Zusammenarbeit und gegenseitiger Unterstützung
  – kontinuierlicher Informationsfluss
  – Spielregeln für die Zusammenarbeit
- Vorteile:
  – Teamarbeit ermöglicht die Lösung anspruchsvoller und komplexer Aufgabenstellungen
  – Teamleistung ist mehr als die Summe der Leistungen der einzelnen Mitarbeiter (2 + 2 = 5)
  – hoher Know-how-Transfer unter den Teammitgliedern
  – positive Wirkung auf jedes einzelne Teammitglied durch starkes Wir-Gefühl

Frage:
86. Welche Rolle nehmen Sie typischerweise im Team ein? ★★

Antworthinweis / Argumentationsstrategie:
Abhängig von den persönlichen Stärken und Präferenzen nehmen Mitglieder eines Teams unterschiedliche Rollen ein. Typische Teamrollen können sein:

Rolle	Charakteristika	Verhaltenstendenz
Macher	Umsetzungsstark, packt Herausforderungen an	proaktiv – extrovertiert
Koordinator	Fördert Entscheidungsprozesse, koordiniert Aufgaben	proaktiv – extrovertiert
Wegbereiter	Knüpft Kontakte, baut Kooperationen auf, präsentiert und repräsentiert	proaktiv – extrovertiert
Innovator / Entwickler	Generiert neue Ideen und Lösungswege	proaktiv – introvertiert
Beobachter / Analytiker	Beleuchtet Vorschläge kritisch, wägt sorgfältig ab	reaktiv – introvertiert
Teamplayer / Unterstützer	Setzt vorgegebene Aufträge zuverlässig um, bietet Kollegen Unterstützung an	reaktiv – extrovertiert
Spezialist	Deckt wichtige Fachgebiete ab, arbeitet detailliert	proaktiv – introvertiert

Nehmen Sie für sich eine Rolle in Anspruch, die sich gut mit den Anforderungen der jeweiligen Position deckt und mit der Sie sich tatsächlich identifizieren können. Selbstverständlich können Sie auch zwei Rollen kombinieren. Allgemein gilt: Bei Führungspositionen erwartet man einen Typ, der tendenziell proaktiv und extrovertiert agiert.

Fragen:
87. Was machen Sie lieber zusammen mit anderen – was lieber alleine? ★★
88. Arbeiten Sie lieber alleine oder lieber im Team? ★★

Intention:
Man möchte herausfinden, ob Sie womöglich der „eingeschworene Einzelkämpfer" oder der „bedingungslose Teammensch" sind. Für die meisten Positionen ist weder das eine noch das andere Extrem gewünscht.

Sind Sie in der Lage, zu differenzieren, welche Aufgaben effektiver im Team und welche besser alleine gelöst werden können?

Antworthinweis/Argumentationsstrategie:
Machen Sie dies abhängig von den Anforderungen der unterschiedlichen Aufgaben. Die Teamarbeit ist typischerweise im Vorteil bei Aufgaben, die

- umfangreich und komplex gestaltet sind,
- arbeitsteilig effektiver bewältigt werden können,
- unterschiedliche Fachbereiche tangieren oder
- das Mehraugenprinzip erfordern, um Fehler zu minimieren.

Bei anderen Tätigkeiten wiederum kann sich die Einzelarbeit als effektiver erweisen. Sie sollten beides gut abdecken können. Liefern Sie dazu Beispiele aus Ihrem Arbeitsumfeld.

Frage:
89. Was schätzen Sie an Ihrem Vorgesetzten – was nicht? ★★

Antworthinweis/Argumentationsstrategie:
Zeigen Sie echte Stärken Ihres Vorgesetzten auf, aber nennen Sie keine gravierenden Schwächen, sondern allenfalls kleine Nachlässigkeiten. Überhören Sie den Teil der Frage, der die Einschätzung dessen betrifft, was Ihnen an Ihrem Vorgesetzten nicht gefällt. Gehen Sie darauf nur ein, falls noch einmal explizit nachgefragt wird. Verpacken Sie Nachlässigkeiten diplomatisch und charmant, sodass sie im Vergleich zu den Stärken absolut unbedeutend oder sogar sympathisch erscheinen. Vermitteln Sie insgesamt den Eindruck, dass Sie Ihren Chef mit seinen Vorzügen sehr schätzen und gerne mit ihm zusammenarbeiten. Aber Achtung: Die Strategie, Schwächen abzumildern, empfehle ich Ihnen nur für die Darstellung einer dritten Person, jedoch nicht für sich selbst.

Beispiel

Kandidatin Carmen Schäfer: „Ich schätze an meinem Vorgesetzten vor allem seine motivierende Art, dass er klare Ziele setzt und dass er hinter seinen Mitarbeitern steht, wenn es mal nicht so gut läuft. Er schafft es selbst in Phasen hoher Arbeitsbelastung, den Überblick zu behalten und gleichzeitig noch ein offenes Ohr für die Belange seiner Mitarbeiter zu haben."
Interviewer: „Und welche Punkte schätzen Sie nicht?"

Kandidatin: „Hm… es gibt eigentlich nichts, was mich richtig stört. Naja, manchmal wirkt er vielleicht ein bisschen ungeduldig oder hektisch. Aber bei den vielen Dingen, um die er sich parallel kümmern muss, kann man das auch verstehen. Ich arbeite sehr gerne mit ihm zusammen und denke, er macht einen wirklich guten Job als Führungskraft."

Frage:
90. Welcher Typ Mensch kommt mit Ihnen gut klar, welcher nicht und was sind die Gründe dafür? ★★

Intention:
Diese Frage dient zum einen dazu, Sie als Person besser einschätzen zu können. Wer über die Beziehung zu anderen berichtet, bringt damit zwangsläufig auch etwas über sich selbst zum Ausdruck. Wie also gestaltet sich Ihr Umgang mit Kollegen, worauf legen Sie dabei Wert?

Antworthinweis/Argumentationsstrategie:
Orientieren Sie sich bei der Beantwortung an Frage 80. „Was sind für Sie die Voraussetzungen für gute Zusammenarbeit?" Außerdem sollten Sie sich überlegen, welches für Sie die No-Gos sind, und somit beantworten, wer mit Ihnen nicht so gut klar kommt.

Frage:
91. Mit welchen Menschen umgeben Sie sich gerne und was verbindet Sie mit diesen? ★★

Intention:
Getreu dem Zitat: „Sage mir, mit wem Du umgehst, so sage ich Dir, wer Du bist", dient diese Frage in erster Linie dazu, mehr über Sie zu erfahren.

Antworthinweis/Argumentationsstrategie:
Zeigen Sie auf, an welchen Einstellungen, Eigenschaften, Werten oder Verhaltensweisen Sie es festmachen würden, ob Sie jemanden gerne in Ihrem Umfeld haben. Stellen Sie dabei sicher, dass die von Ihnen dargestellten Punkte auch zu dem von Ihnen gewünschten Image passen.

Frage:

92. Was tun Sie, wenn Sie sich von Ihrem Vorgesetzten ungerecht behandelt fühlen? ★★

Antworthinweis / Argumentationsstrategie:
Einem Vorgesetzten wird es kaum gelingen, ausschließlich gerechte Entscheidungen zu treffen. Stellen Sie dar, dass Sie das Gespräch mit Ihrem Vorgesetzten suchen, wenn es sich dabei um einen Sachverhalt handelt, der einer Richtigstellung oder Korrektur bedarf.

Frage:

93. Welches war der letzte größere Konflikt, den Sie einmal mit einem Vorgesetzten hatten? ★★★

Antworthinweis / Argumentationsstrategie:
„Größerer Konflikt" – das hört sich ein wenig dramatisch an. Schildern Sie deshalb eine Meinungsverschiedenheit zu einem Sachthema, zum Beispiel zu einem Verbesserungsvorschlag oder zu einer bestimmten Vorgehensweise. Auf die Darstellung eines zwischenmenschlichen Konfliktes mit dem Vorgesetzten sollten Sie verzichten. Zeigen Sie mit der PAR-Technik auf, worum es dabei konkret ging, was Sie zur Problemlösung beigetragen haben und welches Ergebnis erreicht wurde. Wählen Sie eine Situation, die am Ende sowohl für den Vorgesetzten als auch für Sie zufriedenstellend gelöst wurde.

Beispiel

Kandidat Ralf Hildebrand: „Vor einigen Monaten hatte ich gemeinsam mit einem unserer Geschäftsführer einen Termin beim Anbieter unseres Web-Shops, mit dem ein Rahmenvertrag für die kommenden drei Jahre ausgehandelt werden sollte. Im Vorfeld hatten wir uns anhand des Budgets über die anvisierten Zielbedingungen abgestimmt, doch im Laufe des Gesprächs machte er das Zugeständnis für eine längere Vertragslaufzeit, womit ich nicht einverstanden war. Vor dem Lieferanten blieb ich ihm gegenüber loyal, doch im Anschluss an den Termin bat ich ihn nochmals um ein Gespräch zum Thema. Wir diskutierten sehr kontrovers und es stellte sich heraus, dass wir eine unterschiedliche Auffassung über das Abhängigkeitsverhältnis zu diesem Anbieter hatten. Wir vereinbarten, uns zukünftig besser abzustimmen und über das Finanzielle hinaus auch andere Faktoren im Vorgespräch zu berücksichtigen."

Kommunikationsvermögen

Frage:
94. Welchen Kommunikationsstil bevorzugen Sie? ★

Antworthinweis / Argumentationsstrategie:
Bringen Sie zum Ausdruck, dass Ihnen eine möglichst offene und wert-schätzende Kommunikation wichtig ist.

Fragen:
95. Wie gehen Sie vor, wenn Sie andere Menschen von Ihren Ideen überzeugen möchten? ★★
96. Schildern Sie eine Situation, in der Sie Ihr Kommunikations-talent unter Beweis stellen mussten, um jemanden von etwas zu überzeugen. Wie sind Sie vorgegangen? ★★

Antworthinweis / Argumentationsstrategie:
Um einen Gesprächspartner von einer Idee zu überzeugen, ist es erfor-derlich,

- die Notwendigkeit oder den Handlungsbedarf sichtbar zu machen,
- dessen Belange zu kennen,
- die Vorteile und Nutzen aus dessen Sicht – oder der seines Verant-wortungsbereiches – zu beleuchten und
- sich mit möglichen Einwänden und Gegenargumenten auseinander-zusetzen.

> Wichtig ist: Stellen Sie Ihre Vorgehensweise anhand eines konkreten Bei-spiels dar.

Tipp

Frage:
97. Welche Möglichkeiten zur Steuerung von Gesprächen kennen Sie? ★★

Antworthinweis / Argumentationsstrategie:
Typische Instrumente zur Gesprächssteuerung, auf die Sie jetzt ein-gehen können, sind:

- aktives Zuhören
- Fragetechniken („Wer fragt führt!")
- Moderation

Frage:
98. Wie gehen Sie mit einem reklamierenden Kunden um? ★★

Antworthinweis / Argumentationsstrategie:
Verdeutlichen Sie an einem Beispiel, dass Sie eine Reklamation grundsätzlich als Chance sehen, etwas zu verbessern und die Kundenbindung zu stärken. Im unmittelbaren Reklamationsfall hat sich folgende Vorgehensweise bewährt:

- Beschwerde des Kunden in Ruhe anhören
- Verständnis zeigen
- Sachverhalt nicht bagatellisieren oder Verantwortung abschieben
- angemessene Lösung anbieten

Frage:
99. Wie gehen Sie vor, um zu Beginn eines (Kunden-)Gesprächs das Eis zu brechen? ★★

Antworthinweis / Argumentationsstrategie:
Zeigen Sie auf, dass Sie über die entsprechende Gewandtheit verfügen, zu Beginn eines Gesprächs das Eis zu brechen. Eine bewährte Möglichkeit ist der Small Talk – Sie steigen mit einem positiv besetzten und leichten Thema ein, statt sofort mit der Tür ins Haus zu fallen. Anstatt über das Wetter zu philosophieren, ist es geschickter, in die Welt des Kunden einzutauchen, echtes Interesse zu zeigen bzw. ihm ein Kompliment auszusprechen. Anknüpfungspunkte können die Lage des Firmensitzes, ein besonderes Accessoire der Büroeinrichtung oder irgendein anderes Detail sein, das Ihnen positiv aufgefallen ist.

Frage:
100. Wie gelingt es Ihnen, die Bedürfnisse eines Gesprächspartners / Kunden zu erkennen? ★★

Antworthinweis / Argumentationsstrategie:
Um die Bedürfnisse herauszufinden, ist es wichtig, in einem Gespräch

die richtigen Fragen zu stellen und dem Gegenüber genau zuzuhören. Beschränken Sie den eigenen Redeanteil zunächst auf ein Minimum, um möglichst viel von Ihrem Gegenüber zu erfahren.

Frage:
101. Woher wissen Sie, wie Sie auf andere wirken? ★★★

Antworthinweis / Argumentationsstrategie:
Zeigen Sie auf, dass Sie Ihr eigenes Verhalten immer wieder reflektieren, Feedback von unterschiedlichen Seiten einholen und deshalb glauben, Ihre Wirkung gut einschätzen zu können. Selbstverständlich sollten Sie mit der weiteren Frage rechnen, wie Sie denn nun genau auf andere wirken. Orientieren Sie sich dann an den Hinweisen zu Frage 12, die in eine ähnliche Richtung geht.

Frage:
102. Wie geben Sie Feedback? ★★

Antworthinweis / Argumentationsstrategie:
Gehen Sie bei der Beantwortung auf folgende Punkte ein, die sich als Feedbackregeln etabliert haben. Feedback sollte

- nur erteilt werden, wenn der Empfänger es wünscht,
- zeitnah erteilt werden,
- in Ich-Botschaften formuliert sein, da es sich um die Wahrnehmung des Feedbackgebers handelt,
- beobachtetes Verhalten möglichst konkret beschreiben,
- relativ ausgewogen sein und mit den positiven Punkten beginnen und
- immer wertschätzend und konstruktiv sein.

Bei diesen Punkten handelt es sich um eine allgemeine Empfehlung, wie man Feedback in Gesprächen gibt, die auf Augenhöhe stattfinden. Beim Thema „Feedback als Führungskraft gegenüber Mitarbeitern" gibt es einige Besonderheiten zu beachten (siehe Frage 152 auf S. 133).

4. Thema „Methodische Kompetenz": typische Fragen, Argumentationsstrategien, Antworten

Strategische / unternehmerische Kompetenz

Frage:
103. Was bedeutet für Sie unternehmerisches Denken? ★★

Antworthinweis / Argumentationsstrategie:
Bei der Beantwortung können Sie folgende Aspekte berücksichtigen, die von einem unternehmerisch denkenden Mitarbeiter erwartet werden:

- verantwortungsvoller Umgang mit Ressourcen
- Nutzung des eigenen Handlungsspielraums, um zur Erreichung der Unternehmensziele optimal beizutragen
- übergreifendes Denken; Auswirkungen auf andere Bereiche und auf Kunden in die eigenen Überlegungen einbeziehen
- Weitblick / Erkennen von Markt- und Branchentrends
- selbstständiges Anstoßen notwendiger Prozesse

Frage:
104. Worin sehen Sie den Unterschied zwischen Strategie und Taktik? ★★★

Antworthinweis / Argumentationsstrategie:
Bei der Strategie handelt es sich um die langfristige, grundlegende Ausrichtung und Vorgehensweise zur Erreichung übergeordneter Ziele. Einer Unternehmensstrategie sind Bereichs- oder Teilstrategien nachgelagert, zum Beispiel Marketingstrategie, Finanzierungsstrategie usw. Taktik ist der Strategie untergeordnet, punktuell oder kurzfristig ausgerichtet und dient dazu, ein Etappenziel zu erreichen (Beispiel: Verhandlungstaktik). Erläutern Sie den Unterschied am besten anhand konkreter Beispiele aus Ihrem Unternehmen.

Frage:
105. Halten Sie es für wichtig, alle Wünsche unserer Kunden zu erfüllen? ★★

Antworthinweis/Argumentationsstrategie:
Selbstverständlich ist es sehr wichtig, die Wünsche der Kunden zu erfüllen. Wird aber nach allen Wünschen der Kunden gefragt, sollte Ihre Antwort als „Ja, aber"-Antwort differenzierter ausfallen. Kunden können viele Wünsche und extrem hohe Ansprüche haben. Diese sollten erfüllt werden, aber nicht uneingeschränkt, wenn es etwa wirtschaftlich nicht zu vertreten ist.

> Denken Sie auch daran, dass bestimmte Kundenwünsche eventuell im Konflikt mit gesetzlichen Rahmenbedingungen oder unternehmensinternen Compliance-Richtlinien stehen könnten, und dann natürlich nicht erfüllt werden dürfen.

Tipp

Frage:
106. Wie tragen Sie in Ihrem Verantwortungsbereich zur Umsetzung unserer Unternehmensstrategie bei? ★★★

Antworthinweis/Argumentationsstrategie:
Bei einer externen Bewerbung ist diese Frage weniger relevant als bei einem internen Interview. Verdeutlichen Sie sich die Unternehmensstrategie und welche nachgelagerten Teil- bzw. Bereichsstrategien speziell Ihren Verantwortungsbereich betreffen. Zeigen Sie anhand von Beispielen auf, womit Sie in Ihrer Position Ihren konkreten Beitrag zur Umsetzung der Unternehmensstrategie sowie den nachgelagerten Strategien leisten.

Frage:
107. In welchen Lebens- bzw. Berufssituationen haben Sie strategische Überlegungen zur Zielerreichung angestellt? ★★

Antworthinweis/Argumentationsstrategie:
Bezogen auf Ihre beruflichen bzw. persönlichen Ziele lassen sich folgende Punkte als strategische Überlegungen darstellen:

• gezielte Entscheidung für eine bestimmte Ausbildung/ein bestimmtes Studium

- Erwerb einer Zusatzqualifikation
- Sammlung von Praxiserfahrung oder Auslandserfahrung
- Umzug an einen anderen Wohnort

Selbstverständlich können Sie genauso wie bei der vorhergehenden Frage Beispiele aus Ihrer aktuellen beruflichen Position liefern.

Frage:

108. Wie würden Sie in Ihrer neuen Position strategisch handeln? ★★★

Antworthinweis / Argumentationsstrategie:
Die Beantwortung dieser Frage setzt voraus, dass Sie die Anforderungen an die neue Position, die langfristigen Ziele des Verantwortungsbereiches sowie das Umfeld sehr gut kennen. Stellen Sie dar, dass Sie sich mit der zu erwartenden Entwicklung sowie den daran geknüpften künftigen Anforderungen auseinandersetzen und bereits frühzeitig die erforderliche Weichenstellung vornehmen werden. Dies kann die Qualifikation und die Zusammensetzung und Strukturierung Ihres Teams ebenso betreffen wie die Entwicklung oder Implementierung bestimmter Systeme oder Prozesse.

Analytische Fähigkeiten / Problemlösekompetenz

Fragen:

109. Wie gehen Sie vor, wenn Sie schwerwiegende Entscheidungen treffen müssen? ★★★
110. Wie gelingt Ihnen bei Entscheidungen der Spagat zwischen Chance und Risiko? ★★★

Antworthinweis / Argumentationsstrategie:
Machen Sie deutlich, dass Sie schwerwiegende Entscheidungen verantwortungsvoll treffen. Berücksichtigen Sie dabei die folgenden Aspekte:

- alle wichtigen Informationen zum Sachverhalt einholen
- Chancen und Risiken beleuchten
- unterschiedliche Szenarien entwerfen – Best-Case- und Worst-Case-Szenario – und die Eintrittswahrscheinlichkeit einschätzen

- Alternativen entwerfen und vergleichen
- die Meinung Dritter einholen

Erläutern Sie Ihre Vorgehensweise eventuell anhand einer schwierigen Entscheidung, die Sie kürzlich treffen mussten.

Frage:

111. Wie beurteilen Sie die Aussage „Lieber eine falsche Entscheidung als gar keine Entscheidung"? ★★

Antworthinweis / Argumentationsstrategie:
Dieser These sollten Sie grundsätzlich zustimmen und dafür die entsprechende Begründung liefern. Kein vernünftiger Mensch wird sich bewusst falsch entscheiden. Wenn Sie eine Entscheidung treffen, ist diese in Anbetracht der gegebenen Informationen für Sie zu diesem Zeitpunkt die vernünftigste. Später, wenn neuere Erkenntnisse vorliegen, könnte sich jedoch herausstellen, dass es sich dabei um eine Fehlentscheidung handelte. Bei der Vielzahl der Entscheidungen, die ständig getroffen werden müssen, ist niemand vor solchen Fehlentscheidungen gefeit. Im Nachhinein werden sich also einige Entscheidungen immer als ungünstig erweisen.

> Die schlechtere Alternative ist, selbst keinerlei Entscheidungen mehr zu treffen, und sich damit abzufinden, dass einfach jemand anders bzw. der Zufall entscheidet.

Tipp

Fragen:

112. Wie verhalten Sie sich, wenn kurzfristige Schwierigkeiten eintreten (zum Beispiel Personalengpass oder Lieferschwierigkeiten)? ★★

113. Beschreiben Sie eine Situation, in der Sie ein schwieriges Problem zu lösen hatten. Wie sind Sie dabei vorgegangen? ★★

Antworthinweis / Argumentationsstrategie:
Wählen Sie eine berufliche Situation aus, in der Sie ein schwieriges oder unvorhergesehenes Problem erfolgreich gelöst haben. Nutzen Sie die PAR-Technik, um Ihre Vorgehensweise zu verdeutlichen.

Frage:
114. Beschreiben Sie die kreativste Lösung für ein Problem, die Sie jemals entwickelt haben. Wie sah sie aus? ★★★

Antworthinweis/Argumentationsstrategie:
Hier können Sie mit Hilfe der PAR-Technik genauso vorgehen wie bei der vorherigen Frage. Verdeutlichen Sie, in welchen Punkten Ihre Lösung besonders kreativ und unkonventionell war und inwiefern dies zu einem besseren Ergebnis geführt hat als eine Standardlösung.

Beispiel

Kandidatin Carmen Schäfer: „Die lokale Absolventenmesse Ende Juni gehört zu den Veranstaltungen, für die es seit jeher am schwierigsten war, Mitarbeiter aus den Fachbereichen zu finden, die das Unternehmen vor Ort vertreten möchten. Nicht nur, weil zu dieser Zeit viele Mitarbeiter mit der Forecast II beschäftigt sind, sondern auch, weil es langsam auf den Sommerurlaub zugeht. Ich habe mir daher überlegt, unsere Personalentwicklung anzusprechen, ob nicht unsere Azubis und Trainees selbst diese Veranstaltung als Projektarbeit betreuen könnten, unter meiner Hilfestellung bei der Vorbereitung, versteht sich. Sowohl bei den Verantwortlichen in der Personalentwicklung als auch bei den Nachwuchskräften wurde diese Idee sehr positiv aufgenommen. Und auch die jungen Besucher der Absolventenmesse kommen nun noch lieber an unseren Stand als vorher, weil sie dort Informationen aus erster Hand von etwa Gleichaltrigen bekommen. Eine klare Win-win-Situation für alle.“

Frage:
115. Beschreiben Sie eine Situation aus Ihrem Verantwortungsbereich, in der Sie sich in einem Konflikt zwischen Kosten, Qualität und Zeit sahen. Wie haben Sie sich verhalten? ★★

Antworthinweis/Argumentationsstrategie:
Zeigen Sie auf, dass sich die genannten drei Faktoren in einem Zielkonflikt befinden. Die Maximierung einer Zielgröße wird ab einem bestimmten Punkt den Erfüllungsgrad einer anderen Zielgröße verschlechtern. Wenn es um die Erfüllung von Kundenwünschen, die Produktentwicklung oder die Realisierung eines Projektes geht, wird dieser Zielkonflikt sehr schnell deutlich. Sicher kennen Sie Aufgaben, bei denen hohe Qualität mit einem möglichst geringen Zeit- und Kostenaufwand von Ihnen gefordert war. Schildern Sie die Auseinanderset-

zung mit diesem Problem anhand eines konkreten Beispiels aus Ihrem Arbeitsumfeld.

Veränderungskompetenz

Frage:
116. Wie ist Ihre Meinung zu der These „Das einzig Beständige ist die Veränderung"? ★

Antworthinweis / Argumentationsstrategie:
Dieser These sollten Sie selbstverständlich zustimmen und dies damit begründen, dass sich ständig Veränderungen vollziehen und Stillstand Rückschritt bedeutet.

Frage:
117. Was sind für Sie Indikatoren für die Notwendigkeit nach Veränderung? ★★

Antworthinweis / Argumentationsstrategie:
Typische Indikatoren für die Notwendigkeit nach Veränderung sind etwa:

• Zunahme von Reklamationen und Beschwerden
• Häufung von Problemfällen
• Anstieg der Fehlerquote
• Abnahme der Kundenzufriedenheit
• unzufriedene Mitarbeiter
• stärker werdende Mitbewerber
• Rückgang der Nachfrage

Frage:
118. Wie gehen Sie mit Veränderungen um, die Sie selbst nicht mitgestalten können? ★★

Antworthinweis / Argumentationsstrategie:
Im Laufe des Berufslebens wird es eine ganze Reihe von Veränderungen geben, mit denen Sie sich auseinandersetzen müssen. Bringen Sie zum Ausdruck, dass Sie Veränderungen grundsätzlich als Chance sehen und

diese selbstverständlich auch dann mittragen, wenn Sie selbst auf den Veränderungsprozess keinen Einfluss haben.

Frage:
119. Was verstehen Sie unter Change-Management? ★★

Antworthinweis/Argumentationsstrategie:
Für Change-Management gibt es unterschiedliche Definitionen, eine einfache wäre: Change-Management ist ein systematisch angelegter Prozess, der gewährleisten soll, dass Veränderungen professionell umgesetzt werden und zum gewünschten Erfolg führen. Unverzichtbar für ein erfolgreiches Change-Management sind daher professionelle Information und Kommunikation. Es ist wichtig, einen Veränderungsprozess für die betroffenen Mitarbeiter transparent zu gestalten, und diese so früh wie möglich einzubinden.

Frage:
120. Woran messen Sie den Erfolg einer Veränderung? ★

Antworthinweis/Argumentationsstrategie:
Eine Veränderung wird initiiert, um damit ein bestimmtes Ziel zu erreichen. Gradmesser für den Erfolg einer Veränderung muss daher die Zielerreichung sein.

Frage:
121. In welchen Situationen haben Sie schon einmal proaktiv Veränderungen angestoßen? ★

Antworthinweis/Argumentationsstrategie:
Zeigen Sie anhand von Beispielen aus Ihrem Arbeitsumfeld auf, welche Veränderungen und Verbesserungen von Ihnen ausgegangen sind.

Frage:
122. Welche Veränderungen in Ihrem Leben haben Sie bewusst initiiert? ★

Antworthinweis/Argumentationsstrategie:
Verdeutlichen Sie, dass und wie Sie Veränderungen in Ihrem Leben proaktiv initiiert haben, um ein bestimmtes Ziel zu erreichen. Gab es ei-

nen Wechsel des Wohnortes, des Arbeitsplatzes oder der Abteilung, den Sie als bewusste Veränderung darstellen können? Sie können ähnlich vorgehen wie bei Frage 107 und strategische Entscheidungen zum Beispiel für eine bestimmte Aus- oder Weiterbildung einfließen lassen.

Frage:
123. Gibt es eine bestimmte Gewohnheit oder Einstellung, mit der Sie in letzter Zeit gebrochen haben? ★★

Antworthinweis / Argumentationsstrategie:
Nicht jeder hat vor kurzem mit dem Rauchen aufgehört, deshalb fällt es den meisten Menschen schwer, diese Frage spontan zu beantworten. Die Antwort soll darüber Aufschluss geben, ob Sie eher veränderungsfreudig oder doch mehr ein Gewohnheitstier sind. Vielleicht gibt es Kleinigkeiten, in denen Sie in der letzten Zeit Gewohnheiten bewusst verändert haben, zum Beispiel, sich Telefonnummern zu merken, anstatt sie aufzuschreiben.

Solche Dinge erscheinen auf den ersten Blick zwar vollkommen unspektakulär, aber zeugen doch von einer gewissen geistigen Flexibilität. Dies gilt ebenso für das Erlernen einer neuen Sprache oder einer neuen Sportart – auch das Ausprobieren von etwas Neuem lässt sich gut als eine Gewohnheitsänderung darstellen.

Tipp

Organisation

Frage:
124. Wie gehen Sie mit Terminkonflikten um? ★

Antworthinweis / Argumentationsstrategie:
Verdeutlichen Sie, dass Sie in Abhängigkeit von der Wichtigkeit entscheiden, welchen der Termine Sie wahrnehmen, und versuchen werden, für den anderen Termin eine sinnvolle Alternative zu finden. Kann der Termin abgesagt oder verschoben werden oder ist es möglich, einen Vertreter zu schicken?

Frage:
125. Wonach entscheiden Sie, welche Aufgaben Sie zuerst erledigen? ★

Antworthinweis / Argumentationsstrategie:
Sie sollten nach den Kriterien Wichtigkeit und Dringlichkeit beurteilen, womit Sie beginnen:

- Aufgaben, die sowohl dringlich als auch wichtig sind, müssen vorrangig bearbeitet werden.
- Dann kommen Vorgänge, die ebenfalls dringend, aber nicht mehr ganz so wichtig sind. Als Führungskraft delegieren Sie diese soweit wie möglich an Ihre Mitarbeiter.
- Um Angelegenheiten von hoher Wichtigkeit und geringer Dringlichkeit sollten Sie sich in einer stillen Stunde kümmern, wenn alle akuten Dinge vom Tisch sind.

Tipp

Stellen Sie Ihre Herangehensweise anhand konkreter Beispiele dar – belegen Sie die unterschiedlichen Kategorien mit realen Arbeitssituationen.

Frage:
126. Wie organisieren Sie Ihren Tagesablauf? ★

Antworthinweis / Argumentationsstrategie:
Erklären Sie Ihre Vorgehensweise an einem typischen Arbeitstag, zum Beispiel:

- Überblick verschaffen, welche Termine für heute fix eingeplant (Besprechung mit dem Chef, wöchentliches Projektmeeting, Kundentermin) und welche Zeitfenster noch frei verfügbar sind
- Posteingang checken und nach Wichtigkeit und Dringlichkeit sortieren
- wichtige und dringende Vorgänge sofort bearbeiten

Je nach Funktion und Verantwortungsbereich kann es ganz unterschiedliche Herangehensweisen geben. Zeigen Sie, dass Sie nicht einfach drauflosarbeiten, sondern eine sinnvolle Systematik entwickelt haben, nach der Sie vorgehen.

Frage:
127. Nehmen Sie auch Arbeiten mit nach Hause, um sich auf den nächsten Tag vorzubereiten? ★★

Antworthinweis / Argumentationsstrategie:
Welches Engagement außerhalb Ihrer Arbeitszeit erwartet wird, kann je nach Branche und Hierarchieebene stark variieren. Galt früher jedoch allgemein die Philosophie, dass Führungskräfte zu jeder Tages- und Nachtzeit zur Verfügung stehen müssen, so hat sich diese Denkweise in vielen Unternehmen deutlich gewandelt. Signalisieren Sie Ihre Bereitschaft, sich für außerordentlich wichtige Themen selbstverständlich auch nach Feierabend zu engagieren. Stellen Sie aber ebenfalls dar, dass es sich dabei um begründete Ausnahmen handeln müsste und Sie Ihre Freizeit und Ihr Familienleben als wichtiges Gut betrachten, das Ihnen den notwendigen Ausgleich zum Berufsleben verschafft.

Frage:
128. Wie planen Sie ein Projekt? ★★

Antworthinweis / Argumentationsstrategie:
Die Projektplanung dient dazu, die professionelle Durchführung des Projektes vorzubereiten. Dazu müssen folgende Teilbereiche berücksichtigt werden:

• Strukturplanung
• Aufwandsschätzung
• Terminplanung
• Materialplanung
• Finanzplanung
• Risikomanagement
• Erstellung der Projektpläne

Frage:
129. Was bedeutet für Sie professionelles Projektmanagement? ★★

Antworthinweis / Argumentationsstrategie:
Bei der Beantwortung können Sie folgende Überlegungen einbeziehen:

- Projektmanagement umfasst die Definition, Planung, Steuerung, Kontrolle sowie den Abschluss eines Projektes.
- Projektmanagement dient der Erreichung eines klar definierten Projektziels unter Berücksichtigung der unterschiedlichen Stakeholder-Interessen (Interessen aller Beteiligten). Dabei agiert der Projektmanager im Spannungsfeld der drei Faktoren Zeit, Kosten und Qualität.
- Ein professioneller Projektmanager sollte über das notwendige Projektmanagement-Know-how, die Fähigkeit, ganzheitlich und vernetzt zu denken, Organisationsgeschick, Durchsetzungsvermögen und eine ausgeprägte kommunikative und zwischenmenschliche Kompetenz verfügen.

Frage:
130. Wie gelingt es Ihnen, Meetings und Besprechungen möglichst effizient zu führen? ★★

Antworthinweis/Argumentationsstrategie:
Ihnen sollten folgende Punkte geläufig sein, die zur effizienten Gestaltung eines Meetings und einer Besprechung beitragen:

- Einladung des richtigen Teilnehmerkreises (so wenige wie möglich, so viele wie nötig)
- vorab Mitteilung der Agenda und des zur Verfügung stehenden Zeitrahmens
- pünktlicher Beginn zum vereinbarten Zeitpunkt
- stringente Leitung bzw. Moderation des Meetings
- Definition und Einhaltung von Spielregeln
- zeitnahe Erstellung eines Protokolls

Frage:
131. Welche unvorhergesehene Situation erforderte Ihr ganzes Organisations- und Improvisationsvermögen? ★★★

Antworthinweis/Argumentationsstrategie:
Sie können im Prinzip genauso vorgehen wie bei der Beantwortung der Fragen 112 und 113 und mittels der PAR-Technik Ihre Vorgehensweise verdeutlichen. Da nach einer unvorhergesehenen Situation gefragt wird, sollten Sie ein Ereignis auswählen, bei dem Sie kurzfristig als Krisenmanager agieren mussten.

Kandidatin Carmen Schäfer: „Als bei unserem Workshop auf der Absolventenmesse mit 200 Teilnehmern die Multimediaanlage ausfiel, habe ich kurzerhand einen Techniker vom Nachbarstand engagiert. Unser externer Dienstleister, den meine Kollegin bereits angefordert hatte, hätte mindestens eine halbe Stunde gebraucht, so lange hätten wir das Publikum sicher nicht bei der Stange halten können. So war das Problem nach wenigen Minuten behoben und der Workshop lief super.“

Beispiel

5. Thema „Führungskompetenz": typische Fragen, Argumentationsstrategien, Antworten

Mitarbeiterführung

Frage:
132. Was verstehen Sie unter Mitarbeiterführung? ★★

Antworthinweis / Argumentationsstrategie:
Bringen Sie in einer kurzen Definition Ihr Verständnis von Mitarbeiterführung zum Ausdruck und verknüpfen Sie dabei die Themen „Zielerreichung" und „Mitarbeiter".

Kandidat Ralf Hildebrand: „Mitarbeiterführung heißt für mich, die Mitarbeiter auf gemeinsame Ziele auszurichten und sie so einzusetzen, dass mit einer optimalen Ausschöpfung der Ressourcen die gesetzten Ziele erreicht werden. Das beinhaltet für mich auch, die Mitarbeiter in ihrer Entwicklung zu fördern, ihnen Entfaltungsmöglichkeiten zu bieten und sie für die Aufgaben zu begeistern, sodass sie gerne zur Erreichung der gesteckten Ziele beitragen.“

Beispiel

Frage:
133. Welche Eigenschaften sollte eine gute Führungskraft mitbringen? ★★

Antworthinweis / Argumentationsstrategie:
Nennen Sie mindestens fünf Punkte und erklären Sie auch, warum Ihnen diese wichtig erscheinen. Unabhängig von der Hierarchieebene und der Branchenzugehörigkeit stößt man häufig auf die folgenden

Eigenschaften, die als gute Voraussetzungen für erfolgreiche Führungsarbeit gelten:

- Kommunikationsstärke
- Überzeugungsfähigkeit
- Ergebnisorientiertheit
- Entscheidungsvermögen
- Durchsetzungsvermögen
- Organisationsgeschick
- Visionäres Denken
- Glaubwürdigkeit
- Offenheit

Darüber, welche Bedeutung man der fachlichen Kompetenz beimisst,
lässt sich streiten. In den meisten Großunternehmen herrscht die Philosophie vor, dass der Stellenwert der Fachkompetenz mit dem Zuwachs
an Führungsverantwortung abnimmt. Findet Ihr Interview im Rahmen
eines internen Auswahlverfahrens zur Qualifizierung für eine bestimmte Hierarchieebene statt – wie bei Carmen Schäfer –, empfehle ich
Ihnen, die fachliche Kompetenz außen vor zu lassen. Bei der Bewerbung
auf eine konkrete Stelle könnte der Aspekt dagegen ausschlaggebend
sein. Denken Sie bitte an Herrn Hildebrand, der sich als IT-Leiter bewirbt. Ohne den erforderlichen fachlichen Hintergrund wird es ihm
kaum möglich sein, den IT-Bereich erfolgreich zu leiten.

Frage:
134. Welchen Führungsstil bevorzugen Sie? ★★

Antworthinweis/Argumentationsstrategie:
Grundsätzlich sollte eine Führungskraft einen kooperativen Führungsstil präferieren. Als einzige Antwort auf die Frage ist dies aber noch zu
einseitig, da man nicht allen Situationen und Herausforderungen mit
ausschließlich kooperativer Führung erfolgreich begegnen kann. Eine
Führungskraft muss über die notwendige Verhaltensflexibilität verfügen
und in bestimmten Fällen auch einmal autoritärer und direktiver führen, wogegen sich in anderen Kontexten durch Laissez-faire-Führung
bessere Resultate einstellen. Abhängig ist dies sowohl von der jeweiligen
Situation als auch von dem zu führenden Mitarbeiter. Man nennt dies
den situativen und mitarbeiterbezogenen Führungsstil.

Frage:
135. Was sind typische Führungsaufgaben? ★★

Antworthinweis / Argumentationsstrategie:
Als wesentliche Führungsaufgaben gelten:

- Entscheidungen treffen
- Planung
- Ziele setzen
- Steuerung und Organisation
- Kontrollieren
- Motivieren
- Personal- und Mitarbeiterentwicklung

Frage:
136. Welche Führungsinstrumente / Führungsmittel setzen Sie ein? ★★

Antworthinweis / Argumentationsstrategie:
Führungsinstrumente und Führungsmittel sind die Werkzeuge, mit denen die Führungskraft ihre Aufgaben konkret ausübt, dazu gehören:

- Aufgabendelegation
- Leistungsbeurteilung
- Zielvereinbarung
- Mitarbeitergespräch
- Feedback (Anerkennung und Kritik)
- Coaching

Frage:
137. Einige vertreten die Position, Führen könne man nicht erlernen, das Talent dazu sei angeboren oder nicht, andere behaupten, Führung sei ein erlernbares Handwerk. Welche Position vertreten Sie? ★★

Antworthinweis / Argumentationsstrategie:
Wie schon die Frage impliziert, gibt es zu diesem Thema unterschiedliche Ansätze. Die Philosophie von der „geborenen Führungskraft" gilt

allerdings heutzutage als überholt. Ebenso muss man sich eingestehen, dass das Erlernbare seine Grenzen hat. Beantworten Sie die Frage deshalb differenziert.

Tipp

Am plausibelsten erscheint die folgende Theorie: Natürlich gibt es Menschen, die aufgrund ihrer Persönlichkeitsmerkmale besonders gute oder vielleicht auch weniger gute Voraussetzungen für Führungsaufgaben mitbringen. Da gute Führung auf dem richtigen Zusammenwirken vielfältiger Kompetenzen basiert, ist sie – wie viele andere Dinge im Leben auch – in hohem Maße erlernbar.

Frage:
138. Wie unterscheidet sich für Sie die Rolle eines Moderators von der eines Vorgesetzten? ★★

Antworthinweis / Argumentationsstrategie:
Der Moderator agiert als Prozessbegleiter oder Vermittler, der keine inhaltlichen Entscheidungen trifft. Somit ist er der „methodische Fachmann" für die Gestaltung von Diskussions- und Entscheidungsfindungsprozessen und die Steuerung von Arbeitsgruppen. Er trägt in der Regel keine Ergebnisverantwortung und übt keine disziplinarische Führung aus. In diesen Punkten unterscheidet sich seine Rolle deutlich von der eines Vorgesetzten. Dieser ist inhaltlich involviert, weisungsbefugt, gibt die Richtung vor, muss Entscheidungen treffen und trägt die Verantwortung für die Ergebnisse.

Frage:
139. Wie gehen Sie vor, wenn Sie Mitarbeitern Ziele setzen? ★★

Antworthinweis / Argumentationsstrategie:
Eine Führungskraft muss Mitarbeiterziele so setzen, dass die Zielerreichung einen wirkungsvollen Beitrag zu den übergeordneten Unternehmenszielen leistet. Es ist Aufgabe der Führungskraft, die Unternehmensziele auf die Mitarbeiter ihres Verantwortungsbereiches herunterzubrechen und daraus sinnvolle Unter- und Teilziele abzuleiten.

Das SMART-Modell hilft, zu konkreten Zielformulierungen zu gelangen.

S	Spezifisch	Worum geht es genau?
M	Messbar	Anhand welcher Kriterien wird die Zielerreichung gemessen?
A	Attraktiv/ Akzeptiert	Stellt das Ziel eine positive Herausforderung für den Mitarbeiter dar? Kann er sich damit identifizieren?
R	Realistisch	Sind die Rahmenbedingungen und Ressourcen so abgesteckt, dass der Mitarbeiter das Ziel aus eigener Kraft erreichen kann?
T	Terminiert	Ist ein genauer Zeitpunkt definiert, bis zu dem das Ziel realisiert sein muss?

Frage:
140. Wie motivieren Sie Ihre Mitarbeiter? ★★★

Antworthinweis / Argumentationsstrategie:
Hier empfehle ich in Anlehnung an die Motivationstheorie nach Herzberg folgenden Erklärungsansatz: Motivation ist sehr individuell, entsteht intrinsisch und ist daher von der Führungskraft nur indirekt beeinflussbar. Demotivation – oder in der Positivausprägung Arbeitszufriedenheit – ist ein separat zu betrachtender Aspekt, auf den eine Führungskraft sehr großen Einfluss hat. In diesem Zusammenhang sind die Hygienefaktoren zu beachten, dazu zählen:

• gute Arbeitsbedingungen
• vernünftige Ausstattung mit Arbeitsmitteln
• klar definiertes Aufgabengebiet
• Sicherheit des Arbeitsverhältnisses
• bestimmte Vergütung
• faire Behandlung durch den Vorgesetzten

Durch die Einhaltung dieser Mindestanforderungen wird Demotivation vermieden, sodass Arbeitszufriedenheit entstehen kann. Erst dann können die Anspornfaktoren zur Entstehung von Motivation beitragen, zum Beispiel:

• Zunahme an Verantwortung
• Erweiterung des Entscheidungsspielraumes
• hierarchisch höherwertigere Position

- ausdrückliche Anerkennung / Lob
- neue interessante Aufgabenstellungen
- bedarfsgerechte Entwicklungsperspektiven
- Möglichkeit, Expertenwissen stärker einbringen zu können

<table>
<tr><td>**Tipp**</td><td>Wichtig ist, die Motive und Bedürfnisse der einzelnen Mitarbeiter genau zu kennen, denn diese sind ausgesprochen individuell. Was den einen Mitarbeiter anspornt, lässt einen anderen vielleicht vollkommen unberührt. Darüber hinaus sollten Sie wissen, dass monetäre Anreize nur kurzfristig wirken.</td></tr>
</table>

Frage:
141. Was glauben Sie, spornt Menschen am meisten zur Arbeit an: Ehrgeiz, Selbstverwirklichung, Geld, Karriere oder Anerkennung? ★★

Antworthinweis / Argumentationsstrategie:
Verwenden Sie hier sinngemäß den bei der vorherigen Frage dargestellten Ansatz. Stellen Sie heraus, dass es kein Universalrezept gibt und das Thema „Ansporn zur Arbeit" sehr individuell betrachtet werden muss. Selbstverständlich können Sie auch darauf eingehen, was Sie ganz persönlich anspornt – ohne jedoch damit den Eindruck der Allgemeingültigkeit für alle Menschen zu erwecken. Hinzu kommt: Sie sollten sich darüber im Klaren sein, dass Sie dem Interviewer so Anlass bieten, auf Ihre eigene Leistungsmotivation einzugehen (siehe Fragen 35–37).

Frage:
142. Was ermöglicht eine wirklich gute Leistung? ★★★

Antworthinweis / Argumentationsstrategie:
Das ist eine recht knifflige Frage, zumal es keine allgemeingültige Definition gibt. Sinnvoll ist es, die Frage anhand der Gleichung Leistung = Können × Wollen zu beantworten:

- Unter Können versteht man die zu schaffenden Voraussetzungen, die der Mitarbeiter zur Lösung einer Aufgabe benötigt. Dazu zählen fachliches und methodisches Know-how sowie die entsprechenden Ressourcen und Arbeitsmittel.

- Mit Wollen ist die Motivation gemeint, die mit den vorhergehenden Fragen bereits ausführlich behandelt wurde. Erst wenn beide Faktoren weitgehend erfüllt sind, kann gute Leistung entstehen. Grundvoraussetzung dafür, dass durch Können und Wollen die gewünschte Leistung entstehen kann, ist ein klar definiertes Ziel, für das die Führungskraft sorgen muss (siehe Frage 139).

Frage:
143. Wie kommunizieren Sie unbeliebte Maßnahmen und Entscheidungen an Ihre Mitarbeiter? ★★

Antworthinweis/Argumentationsstrategie:
Das Überbringen unliebsamer Neuigkeiten gehört hin und wieder auch zu den Aufgaben eines Vorgesetzten. Klare Worte sind hier besser, als lange um den heißen Brei herumzureden. Als Führungskraft sollte man aufzeigen, welche Umstände zu einer bestimmten Entscheidung oder Maßnahme führten und welche Konsequenzen daraus für den eigenen Verantwortungsbereich resultieren. Auch wenn es das Ziel ist, das Bewusstsein für die Notwendigkeit zu schaffen, darf man nicht von jedem Mitarbeiter sofortiges Verständnis erwarten.

Die Führungskraft ist oft nur der Überbringer der schlechten Nachricht, wenn diese auf einer höheren Ebene getroffen wurde. Gerade deshalb ist es sehr wichtig, zum Ausdruck zu bringen, selbst hinter der Entscheidung zu stehen.

Tipp

Frage:
144. Wie würden Sie die ersten 100 Tage in Ihrer neuen Funktion als Führungskraft gestalten? ★★★

Antworthinweis/Argumentationsstrategie:
Die ersten 100 Tage müssen Sie nicht wörtlich nehmen. Es geht darum, wie Sie sich zu Beginn als neue Führungskraft verhalten. Es ist empfehlenswert, folgende Punkte zu berücksichtigen:

- Vorstellung bei den Mitarbeitern im Rahmen einer Team-/Abteilungsbesprechung (möglichst am ersten Tag)
- Gespräch mit dem eigenen Vorgesetzten: Klärung der Erwartungshaltung des Vorgesetzten

- Übergabegespräch mit Vorgänger: Informationen zur Kenntnis nehmen, aber Eindrücke nicht ungeprüft übernehmen
- umfassender Überblick über neuen Verantwortungsbereich: Mitarbeiter, Aufgabengebiete, Abläufe
- persönliches Gespräch mit jedem Mitarbeiter: Erwartungen klären, Kennenlernen von Aufgabengebiet, Qualifikation, Stärken
- Einarbeitung in die aktuellen Vorgänge

Frage:
145. Was sind Ihrer Meinung nach die schwerwiegendsten Fehler, die eine Führungskraft bei der Übernahme eines neuen Verantwortungsbereiches begehen kann? ★★

Antworthinweis / Argumentationsstrategie:
Typische Fehler, die Sie als Führungskraft bei der Übernahme eines neuen Verantwortungsbereiches begehen können, sind:

- Schlechtmachen des Vorgängers bzw. dessen Vorgehensweise
- Aktionismus: vieles sofort ändern wollen, ohne alle Hintergründe genau zu kennen
- mangelnde Abstimmung und Kommunikation mit den Mitarbeitern
- mangelnde Präsenz der Führungskraft – fehlende Sichtbarkeit im Verantwortungsbereich

Frage:
146. Wie gehen Sie vor, wenn Sie mit der Leistung eines Mitarbeiters unzufrieden sind? ★★

Antworthinweis / Argumentationsstrategie:
Schildern Sie Ihre Vorgehensweise anhand einer realen Situation und beziehen Sie dabei folgende Punkte ein:

- zeitnah ein Vieraugengespräch mit dem Mitarbeiter führen
- zum Ausdruck bringen, mit welcher Leistung man unzufrieden ist
- verdeutlichen, dass es nicht um eine Schuldfrage geht, sondern darum, künftig etwas besser zu machen
- gemeinsam die Ursachen für die weniger gute Leistung analysieren
- mit dem Mitarbeiter geeignete Maßnahmen, die zu besseren Ergebnissen führen, entwickeln und vereinbaren

Frage:
147. Wie gehen Sie mit einem sehr guten Mitarbeiter um, der mehr Geld fordert, wenn Sie diese Forderung aufgrund der wirtschaftlichen Situation nicht erfüllen können? ★★

Antworthinweis/Argumentationsstrategie:
Bringen Sie zum Ausdruck, dass Sie wie folgt vorgehen werden:

- das Anliegen des Mitarbeiters ernst nehmen
- keine falschen Erwartungen wecken und begründen, weswegen eine Gehaltserhöhung momentan nicht realisierbar ist
- hinterfragen, weswegen er zum jetzigen Zeitpunkt mehr Geld fordert,
- versuchen, die tiefersitzenden Bedürfnisse und Motive des Mitarbeiters zu ergründen
- als Alternative nicht monetäre Anreize ins Gespräch bringen (siehe Frage 140: Anspornfaktoren)

Frage:
148. Wie gehen Sie als Vorgesetzter mit dem Konflikt zweier Mitarbeiter um? ★★

Antworthinweis/Argumentationsstrategie:
Nicht jede Meinungsverschiedenheit unter Mitarbeitern erfordert zwangsläufig ein Eingreifen von oben. Die Führungskraft sollte aber immer dann einschreiten, wenn ein Konflikt eine vernünftige Zusammenarbeit oder gar die Leistung beeinträchtigt.

> Ein Sechsaugengespräch erweist sich in den meisten Fällen als die zielführendste Gesprächsform.

Tipp

Der Vorgesetzte erhält so rasch einen Überblick über die unterschiedlichen Positionen und Erwartungen. Standpunkte werden in Anwesenheit des anderen Konfliktbeteiligten meistens weniger taktierend und manipulierend vorgetragen als in einem Vieraugengespräch mit dem Vorgesetzten. Erfordert es die Situation, können aber zunächst auch Einzelgespräche erfolgen, vor allem in sehr sensiblen Angelegenheiten. Bestimmte Probleme erfordern Ihr Eingreifen als Konfliktlöser. Es wird erwartet, dass Sie als Führungskraft eine ganz klare Entscheidung treffen, etwa bei der Nichteinhaltung von Spielregeln, Absprachen oder Zielvereinbarungen. Bei eher banalen Angelegenheiten ist es allerdings besser, die Lösung von den Beteiligten einzufordern – und mehr die Rolle eines Konfliktmediators zu übernehmen.

Frage:
149. Stellen Sie sich vor, Sie müssten in Ihrem Verantwortungs-bereich einen Mitarbeiter entlassen. Wonach wählen Sie diesen Mitarbeiter aus? ★★

Antworthinweis / Argumentationsstrategie:
Hier sei eine Anmerkung vorausgeschickt: Da bei einem Personalabbau hierzulande natürlich nach einem Sozialplan vorgegangen werden muss, ist die Auswahlmöglichkeit durch die Führungskraft eingeschränkt oder gar nicht vorhanden. Es handelt sich also zunächst um eine rein hypothetische Frage. Realen Bezug erhält sie aber dann, wenn Sie als Führungskraft einmal im Ausland tätig sind. In einigen Ländern existieren keine der bei uns üblichen arbeitsrechtlichen Rahmenbedingungen, sodass der Vorgesetzte tatsächlich alleine entscheiden kann oder muss.

Tipp

Schildern Sie, dass Sie einerseits die Ziele des Unternehmens verfolgen werden, aber andererseits auch den Mitarbeitern gegenüber eine soziale Verantwortung tragen. Als Führungskraft müssen Sie aber sicherstellen, dass „Ihr Laden" auch nach einem Personalabbau noch vernünftig läuft. Das Ziel sollte also lauten, Leistungs-, Know-how- und Potenzialträger zu halten, natürlich unter Berücksichtigung der sozialen Auswahlkriterien.

Frage:
150. Was bieten Sie als Führungskraft Ihren Mitarbeitern und was erwarten Sie von Ihren Mitarbeitern? ★★

Antworthinweis / Argumentationsstrategie:
Was Sie Ihren Mitarbeitern bieten können, sind:

• Verbindlichkeit
• klare Informationen
• Wertschätzung
• Fairness

- ein offenes Ohr bei Problemen
- Unterstützung
- Rückendeckung
- Feedback

Erwarten können Sie beispielsweise:

- Zuverlässigkeit
- Offenheit
- Loyalität
- Engagement
- Bereitschaft zur Weiterbildung
- unternehmerisches Denken
- selbstständiges Arbeiten
- Kundenorientiertheit

Frage:
151. Wie gewährleisten Sie, dass Ihre Mitarbeiter wissen, was Sie als Führungskraft von ihnen erwarten? ★★

Antworthinweis / Argumentationsstrategie:
Gehen Sie zum Beispiel auf die folgenden Optionen ein:

- Erwartungen klar kommunizieren
- Zielvereinbarungen mit den Mitarbeitern treffen (siehe auch Frage 139, SMART-Modell)
- regelmäßige Mitarbeitergespräche führen, um einen Soll-Ist-Abgleich vorzunehmen
- Feedback geben und Feedback einfordern

Frage:
152. Wann und wie erhalten Mitarbeiter von Ihnen als Führungskraft Rückmeldung? ★★

Antworthinweis / Argumentationsstrategie:
Mitarbeiter sollten regelmäßig Rückmeldung erhalten, um einschätzen zu können, wo sie mit ihrer Leistung stehen. Dies kann zum Beispiel im Rahmen turnusmäßiger Zielvereinbarungs- oder Beurteilungsgespräche geschehen. Zudem sollte die Rückmeldung zeitnah und zu be-

stimmten Anlässen passieren, und zwar sowohl bei guten als auch bei weniger guten Leistungen. Beachten Sie dabei:

- Geben Sie kritisches Feedback immer im Vieraugengespräch, wogegen Lob auch im Beisein Dritter ausgesprochen werden kann.
- Kritik sollte stets konstruktiv und nachvollziehbar sein.
- Kritisieren und bewerten Sie niemals die Person, sondern ausschließlich deren Verhaltensweisen.

Frage:
153. Wie vermitteln Sie als Führungskraft Glaubwürdigkeit? ★★

Antworthinweis / Argumentationsstrategie:
Eine Führungskraft wirkt glaubwürdig, wenn

- sie ihre Zusagen einhält,
- Worte und Taten übereinstimmen,
- sie auch für negative Ergebnisse und Fehler Verantwortung übernimmt,
- sie selbst als Vorbild agiert und
- sie sich bei Problemen vor ihr Team stellt.

Frage:
154. Wie gelingt es Ihnen, Vertrauen zu Ihren Mitarbeitern aufzubauen? ★★

Antworthinweis / Argumentationsstrategie:
Beziehen Sie auf jeden Fall die bei der vorherigen Frage genannten Aspekte zur Glaubwürdigkeit ein. Vertrauen geht aber noch weiter – somit ist Glaubwürdigkeit eine ganz wesentliche Voraussetzung für Vertrauen. Eine vertrauensvolle Beziehung wird dadurch gefördert, dass eine Führungskraft

- Empathie zeigt und auch für persönliche Belange ein offenes Ohr hat,
- dem Mitarbeiter bei Problemen ihre Unterstützung anbietet,
- mit sensiblen Informationen immer verantwortungsvoll umgeht,
- sich vom Flurfunk distanziert,
- brisante Themen mit dem Mitarbeiter unter vier Augen bespricht und

- ihrem Mitarbeiter vertraut und ihm auch verantwortungsvolle Aufgaben überträgt.

> Vertrauen entsteht nicht von heute auf morgen, sondern muss Stück für Stück erarbeitet werden und beruht auf Gegenseitigkeit!

Tipp

Frage:
155. Wie binden Sie Ihre Mitarbeiter in Entscheidungsprozesse ein? ★★

Antworthinweis / Argumentationsstrategie:
Auch wenn das Entscheiden eine zentrale Führungsaufgabe ist, bedeutet das nicht, dass eine Führungskraft alles im Alleingang entscheiden muss und sollte. Bei manchen Fragestellungen ist es sinnvoller, diese mit den Mitarbeitern gemeinsam zu entscheiden oder ihnen Entscheidungskompetenz zu übertragen. Zeigen Sie anhand von Beispielen auf, in welche Entscheidungsprozesse Sie Ihre Mitarbeiter einbinden würden:

- Entscheidung darüber, wie eine bestimmte Aufgabe gelöst werden soll
- Übertragung der Entscheidungsbefugnis innerhalb eines definierten Handlungsspielraumes
- Mitwirkung an der Zielformulierung (Management by participation)
- Entscheidung, von deren Auswirkung oder Umsetzung der Mitarbeiter später betroffen sein wird

Frage:
156. Welche Aufgaben delegieren Sie? ★★

Antworthinweis / Argumentationsstrategie:
Aufgaben, die eine Führungskraft typischerweise delegieren sollte, sind:

- operative und fachliche Aufgaben, die Mitarbeiter genauso gut oder sogar besser erledigen können
- weniger wichtige Routinetätigkeiten
- Aufgaben, die dazu geeignet sind, Mitarbeiter weiterzuentwickeln

Gehen Sie auch auf die nicht delegierbaren Aufgaben ein – also diejenigen Tätigkeiten, die bei einer Führungskraft angesiedelt sein müssen:

- Aufgaben mit hoher Wichtigkeit oder großer strategischer Bedeutung, zum Beispiel personelle Entscheidungen, Zusammensetzung des Teams, Budgetentscheidungen
- Beurteilung, Entwicklung und Förderung der Mitarbeiter
- Motivation des Teams
- Berichterstattung an die nächsthöhere Führungsebene
- sehr vertrauliche Angelegenheiten

Fragen:
157. Welches war für Sie die bisher schwierigste Führungssituation und wie sind Sie dabei vorgegangen? ★★★
158. Wie können Sie kritische Führungssituationen konstruktiv und kompetent gestalten? ★★★

Antworthinweis / Argumentationsstrategie:
Beschreiben Sie anhand einer herausfordernden Führungssituation, wie Sie damit umgegangen sind. Ob Sie tatsächlich die für Sie persönlich schwierigste Situation auswählen, bleibt natürlich Ihnen selbst überlassen. Nutzen Sie die PAR-Technik, um Ihre Vorgehensweise zu verdeutlichen.

Beispiel

Kandidatin Carmen Schäfer: „Als ich die Projektleitung für die internationale Roadshow zur Produkteinführung unserer neuen Kleinwagen-Serie übernommen habe, war ich in einer schwierigen Situation. Ich musste die Verantwortung für das Projekt tragen, aber im Vergleich zu den meisten anderen Mitgliedern im Projektteam war ich auf der niedrigsten Hierarchieebene. Ich musste also sowohl den Produktmanager als auch die betroffenen Länderverantwortlichen dazu bringen, meine Weisungen zu akzeptieren und dem Projekt die nötige Priorität einzuräumen. Durch eine strukturierte Herangehensweise, die Erstellung eines ausführlichen Projektplans und die Etablierung eines gezielten Informationsflusses, der unter anderem alle 14 Tage eine Webkonferenz mit allen Beteiligten beinhaltete, sorgte ich dafür, dass ich als Projektleiterin akzeptiert wurde und das Projekt in den Köpfen der vielbeschäftigten Führungskräfte präsent blieb. Die Anstrengungen haben sich gelohnt, denn die Roadshow war ein großer Erfolg. "

Frage:
159. Wie integrieren Sie einen neuen Mitarbeiter ins Team? ★★

Antworthinweis / Argumentationsstrategie:
Hilfreich für eine schnelle Integration eines neuen Teammitgliedes ist es,

- als Führungskraft den Mitarbeiter offiziell mit seinen neuen Kollegen bekannt zu machen,
- ihm im Rahmen eines Teammeetings die Gelegenheit zu geben, sich selbst vorzustellen,
- dem Neuankömmling einen Mentor oder Paten zur Seite zu stellen,
- den Mitarbeiter über Spielregeln, Ansprechpartner, Aufgabengebiete und seine Einarbeitung zu informieren und
- Gesprächsbereitschaft zu signalisieren, falls Fragen oder Probleme auftreten.

Frage:
160. Was war Ihre letzte unpopuläre Entscheidung, die Sie treffen mussten, und wie sind Sie damit umgegangen? ★★★

Antworthinweis / Argumentationsstrategie:
Wählen Sie eine Entscheidung aus, die aus Mitarbeitersicht zwar unpopulär erscheint, die aber aus Ihrer Sicht erforderlich war. Zeigen Sie auf, weswegen diese Entscheidung notwendig war, und inwiefern sie sich auf die Mitarbeiter ausgewirkt hat. Orientieren Sie sich auch an den Empfehlungen zu Frage 143 („Wie kommunizieren Sie unbeliebte Maßnahmen und Entscheidungen an Ihre Mitarbeiter?").

Kandidat Ralf Hildebrand: „Ich habe einem Mitarbeiter die Verantwortung für ein Projekt entzogen, wovon dieser natürlich überhaupt nicht begeistert war. Es verdichteten sich immer mehr Anzeichen, dass der Mitarbeiter, den ich mit der Leitung des Projektes „Kundendatenbank" betraute, damit überfordert war. Mehrere Gespräche mit ihm brachten keine sichtbare Besserung, das Projekt drohte fasst zu kippen. Ich habe daraufhin entschieden, dem Mitarbeiter die Projektverantwortung zu entziehen und diese einem anderen Kollegen zu übertragen. Im Vieraugengespräch habe ich dem Mitarbeiter den Sachverhalt mitgeteilt und ihm meine Entscheidung begründet. Durch den Austausch des Projektverantwortlichen habe ich sichergestellt, dass das Projekt erfolgreich abgeschlos-

Beispiel

sen wurde. *Der Mitarbeiter wirkte zunächst zwar frustriert, hat sich aber mit der Entscheidung abgefunden. Später hat der Mitarbeiter auch eingesehen, dass er noch nicht so weit war und dies sowohl für das Projekt als auch für ihn selbst der bessere Weg war.*"

Frage:
161. Worin sehen Sie Defizite in Ihrem Führungsverhalten? ★★

Intention:
Bei dieser Frage geht es ähnlich wie beim Thema „Schwächen" um die Einschätzung der Fähigkeit zur Selbstreflexion und um die Glaubwürdigkeit des Kandidaten.

Antworthinweis/Argumentationsstrategie:
Wer keinerlei Defizite hat, wirkt unglaubwürdig oder wenig selbstreflektiert. Orientieren Sie sich grundsätzlich an der Vorgehensweise, die ich zur Darstellung der Schwächen empfehle („Die STÄRKen-Strategie", S. 25). Verdeutlichen Sie, in welchen Punkten Sie sich noch verbessern wollen – das müssen natürlich keine riesigen Defizite sein. Eine angehende Führungskraft wird in der Regel noch etwas mehr abzuarbeiten haben als ein führungserfahrener alter Hase. Aber auch dieser sollte Optimierungsansätze nennen können. Beschränken Sie sich auf ein bis zwei Themen.

Frage:
162. Woran machen Sie den Erfolg einer Führungskraft fest? ★★

Antworthinweis/Argumentationsstrategie:
Wichtigster Gradmesser für den Erfolg einer Führungskraft ist die nachhaltige Zielerreichung – also gute Ergebnisse, die kontinuierlich erreicht werden. Eine möglichst hohe Mitarbeiterzufriedenheit sollte natürlich der Anspruch der Führungskraft sein, aber sie ist nicht der Erfolgsmaßstab, sondern vielmehr eine Voraussetzung für nachhaltig gute Ergebnisse.

Frage:

163. Woran erkennen Sie, ob ein gutes Arbeitsklima im Team herrscht? ★

Antworthinweis / Argumentationsstrategie:
Anhaltspunkte zum Arbeitsklima liefern Kommunikation und Verhalten der Teammitglieder untereinander. Indikatoren für ein gutes Arbeitsklima sind:

- Der Ton ist wertschätzend und freundlich.
- Die Mitarbeiter unterstützen sich gegenseitig.
- Über Teammitglieder wird nicht schlecht geredet.
- Mitarbeiter tauschen sich auch einmal über private Themen aus.
- Kollegen treffen sich auch in der Freizeit zu gemeinsamen Unternehmungen (findet dies nicht statt, kann man dies im Umkehrschluss aber nicht als Anzeichen für ein schlechtes Arbeitsklima bewerten).

Frage:

164. Welche Entscheidungen treffen Sie als Führungskraft kurz-, mittel- und langfristig? ★★

Antworthinweis / Argumentationsstrategie:
Eine Führungskraft muss langfristige Entscheidungen treffen, wenn es um die grundlegende Ausrichtung ihres Verantwortungsbereiches geht – also die Bereichs- oder Abteilungsstrategie –, die sich über mehrere Jahre erstreckt. Dies umfasst unter anderem den Umgang mit zu erwartenden Anforderungen und Trends, die langfristige Qualifikation der Mitarbeiter und die künftige Zusammensetzung des Teams. Mittelfristige Entscheidungen kann man etwa auf den Zeitraum eines Jahres beziehen, zum Beispiel die Ressourcen- und Budgetentscheidungen sowie die Planung eines bestimmten Projektes. Kurzfristige Entscheidungen sind all jene, die unmittelbar aus dem operativen Tagesgeschäft resultieren, etwa die Reaktion auf eine Kundenbeschwerde. Wichtig ist, diese Unterscheidung anhand konkreter Beispiele aus dem eigenen Arbeitsumfeld zu verdeutlichen.

Frage:

165. Welche Möglichkeiten kennen Sie, die Zusammenarbeit in Ihrem Team zu fördern? ★★

Antworthinweis/Argumentationsstrategie:
Sie können auf die folgenden Aspekte eingehen:

- Jour-Fix – ein Regeltermin ermöglicht den Teammitgliedern, sich regelmäßig über die aktuellen Aufgaben auszutauschen
- dem Team gemeinsame Herausforderungen geben, bei denen die Teammitglieder gemeinsam an einem Strang ziehen müssen
- erfahrene Team- oder Projektmitarbeiter gelegentlich zusammen mit einem Einzelkämpfer eine bestimmte Aufgabe bearbeiten lassen
- Entwicklung einer sinnvollen Vertretungsregelung, damit Mitarbeiter auch die Anforderungen an andere Aufgabengebiete nachvollziehen können
- nur, sofern erforderlich: institutionalisierte Maßnahmen, wie zum Beispiel ein Teambuilding-Workshop

Frage:

166. Welchen Veränderungsprozess haben Sie mit Ihren Mitarbeitern erfolgreich durchgeführt? ★★★

Antworthinweis/Argumentationsstrategie:
Orientieren Sie sich an dem zu Frage 119 vorgestellten Ansatz zum Thema Change-Management. Stellen Sie anhand eines konkreten Beispiels Ihre Vorgehensweise dar und nutzen Sie dafür die PAR-Technik. Machen Sie Ihren Beitrag als Führungskraft zum Gelingen des Veränderungsprozesses sichtbar. Denken Sie daran, auf die Punkte Information bzw. Kommunikation und Einbindung der Mitarbeiter einzugehen.

Frage:

167. Wie gehen Sie mit Bremsern im Team um? ★★

Antworthinweis/Argumentationsstrategie:
Es ist nicht ungewöhnlich, dass manche Mitarbeiter Veränderungen oder Neuerungen ablehnend gegenüberstehen. Suchen Sie den Dialog mit ihnen und finden Sie heraus, worauf diese Abneigung zurückzuführen ist.

Frage:
168. Wie wäre Ihr Traum-Team zusammengesetzt? ★★

Antworthinweis / Argumentationsstrategie:
Es gilt als gesicherte Erkenntnis, dass heterogen strukturierte Teams
schlagkräftiger sind als ausgesprochen homogen zusammengesetzte.
Eine gewisse Durchmischung wirkt sich also positiv aus, sodass das
Team von den unterschiedlichen Stärken, Erfahrungen und Prägungen
seiner Mitglieder profitieren kann. Neue Mitarbeiter können an den
Erkenntnissen und Erfahrungen alter Hasen partizipieren. Diese wiederum lernen von Neueinsteigern andere Ansätze und einen neuen
Blickwinkel kennen. Ebenso kann eine ausgewogene Kombination
unterschiedlicher Mitarbeitertypen – siehe dazu Frage 86 zu den Teamrollen – ein Team bereichern.

Frage:
**169. Welche Besonderheiten müssen Sie bei einem interkulturell
aufgestellten Team beachten? Worin sehen Sie Vorteile und
Probleme oder Risiken? ★★**

Antworthinweis / Argumentationsstrategie:
Gerade Unternehmen, die international tätig sind bzw. Geschäftsbezie-
hungen ins Ausland unterhalten, können von interkulturell aufgestellten Teams profitieren. Wer Produkte bzw. Dienstleistungen ins Ausland
verkauft, muss die kulturellen Besonderheiten und die daraus resultierenden Anforderungen und Bedürfnisse seiner Kunden verstehen. Wie
kann das besser gelingen, als mit eigenen Mitarbeitern? Darüber hinaus
zählen hier natürlich auch die Vorteile heterogen zusammengesetzter
Teams (siehe vorhergehende Frage). Verständigungsschwierigkeiten,
unterschiedliches Hierarchie- und Führungsverständnis, mangelnde
Toleranz, Vorurteile sowie erhöhtes Konfliktpotenzial zwischen Mitarbeitern bestimmter Herkunftsländer könnten Probleme oder Risiken
darstellen.

Frage:

170. Wie gehen Sie mit der Kritik von Mitarbeitern um? ★★

Antworthinweis/Argumentationsstrategie:
Sie sollten sachliche Kritik grundsätzlich als nützliches Instrument betrachten, das dabei hilft, Sachverhalte aus einer anderen Perspektive zu beleuchten. Wird sie wertschätzend und konstruktiv geäußert, kann man sie sogar als eine Art Vertrauensbeweis des Mitarbeiters bewerten. Da Kritik aber immer die subjektiv gefärbte Meinung einer anderen Person darstellt, sollten Sie sie als Hinweis, aber noch nicht als objektive Wahrheit betrachten. Entscheiden Sie deshalb als Führungskraft immer unabhängig für sich, ob und wie Sie auf kritische Hinweise reagieren wollen.

Frage:

171. Worin sehen Sie die Top 3 Ihrer persönlichen Führungsstärken? ★★★

Antworthinweis/Argumentationsstrategie:
Orientieren Sie sich grundsätzlich an der Vorgehensweise zur Darstellung der Stärken (siehe „Die STÄRKen-Strategie" ab S. 25). Da explizit nach Führungsstärken gefragt wird, muss der Inhalt nicht zu 100 Prozent deckungsgleich mit der Antwort auf Frage 1 („Worin sehen Sie Ihre Stärken?") ausfallen.

Frage:

172. Beschreiben Sie eine erlebte Situation, von der Sie sagen, diese war führungstechnisch schlecht. Warum? Was würden Sie anders machen? ★★★

Antworthinweis/Argumentationsstrategie:
Sie könnten die Frage theoretisch damit beantworten, dass Sie Ihre Wahrnehmung aus Ihrer Sicht als Mitarbeiter und Untergebener beschreiben und dann über Ihren Vorgesetzten berichten. Ich empfehle Ihnen jedoch die umgekehrte Perspektive, nämlich eine Situation zu wählen, die Sie als Führungskraft lösen mussten und in der nicht alles glatt lief. Erklären Sie Ihre Vorgehensweise anhand eines konkreten Beispiels. Ähnlich wie bei den Fragen 157 und 158 können Sie hier die PAR-Technik nutzen. Aber Achtung:

Unter „Aktion" sollten Sie verdeutlichen, worin Ihr Fehler lag, und unter „Resultat", inwiefern Sie mit dem Ergebnis eben nicht zufrieden waren. Zeigen Sie auf, was Sie daraus gelernt haben und beim nächsten Mal anders machen werden.

Frage:

173. Wie können Sie Ihr Team auch mit knappen Ressourcen leistungsfähig halten, um immer wieder die geforderte Spitzenleistung zu erreichen? ★★★

Antworthinweis / Argumentationsstrategie:
Folgende Punkte können Sie bei der Beantwortung einfließen lassen:

- inspirierende Arbeitsatmosphäre schaffen
- Sinn stiften und die Wichtigkeit der zu erreichenden Ziele verdeutlichen
- Ressourcen effektiv managen
- Aufgaben sinnvoll priorisieren
- wenn es brennt, auch als Führungskraft selbst mit anpacken
- Lob und Anerkennung für gute Leistungen aussprechen
- Erfolge gemeinsam mit dem Team feiern
- auf Spitzenleistungen des Teams stolz sein und dies auch gebührend zum Ausdruck bringen

Frage:

174. Sollte man als Vorgesetzter besser gefürchtet sein oder geliebt werden? ★★

Antworthinweis / Argumentationsstrategie:
Antworten Sie differenziert und zeigen Sie auf, dass weder das eine noch das andere Extrem Ihrem Verständnis von Führung entspricht. Begründen Sie dies anhand der unterschiedlichen Anforderungen, die an eine Führungskraft gestellt werden. Furcht kann nicht die Basis einer zeitgemäßen Führungskultur sein. Umgekehrt darf es aber nicht der Anspruch eines Vorgesetzten sein, bei allen Mitarbeitern immer gleichermaßen beliebt zu sein. Im Führungsalltag wird es immer wieder Situationen geben, in denen Sie Mitarbeiter auch mit kritischen oder unerfreulichen Dingen behelligen müssen.

Frage:

175. Welche war die schwierigste Entscheidung, die Sie bisher als Führungskraft treffen mussten? ★★

Antworthinweis/Argumentationsstrategie:
Wählen Sie eine Situation aus, in der Sie eine Entscheidung von hoher Tragweite treffen mussten, zum Beispiel:

- Restrukturierung des Verantwortungsbereiches
- Personalabbau
- Vergabe eines sehr hohen Budgets
- Entscheidung für oder gegen eine bestimmte Vorgehensweise
- Umstellung eines eingespielten Prozesses

Zeigen Sie auf, weshalb dies die schwierigste Entscheidung war und was für Sie und Ihr Unternehmen auf dem Spiel stand. Rückblickend sollte sichtbar werden, dass Sie richtig vorgegangen sind und für die Lösung schwerwiegender Probleme über eine gewisse Systematik verfügen. Nutzen Sie dazu die PAR-Technik.

Frage:

176. Hätten Sie einen vorbereiteten Nachfolger, wenn Sie morgen eine neue Position antreten würden? ★★

Intention:
Die Antwort soll Aufschluss darüber geben, wie erfahrene Führungskräfte der Förderung von Mitarbeitern gegenüberstehen. Sieht die Führungskraft aufstrebende Nachwuchskräfte eher als Bedrohung oder als Bereicherung an? Bringt ein Verantwortungsbereich regelmäßig Potenzialträger hervor, gilt dies als Indikator für eine gute Führungsarbeit des Vorgesetzten. Zudem sollte sich eine gute Führungskraft nicht unentbehrlich, sondern eher entbehrlich machen. Auf diese Aspekte zielt die Frage ab.

Antworthinweis/Argumentationsstrategie:
Stellen Sie dar, dass es in Ihrem Verantwortungsbereich mindestens einen Mitarbeiter gibt, der für weiterführende Aufgaben geeignet ist und der diesbezüglich von Ihnen gefördert wird. Vermeiden Sie außerdem den Eindruck der Unentbehrlichkeit. Besonders wichtig ist:

Zeigen Sie auf, dass Sie einen Stellvertreter eingearbeitet haben, der über alle notwendigen Informationen und Kompetenzen verfügt, sodass er auch bei einem unerwarteten Ausfall Ihrer Person die Leitung übernehmen könnte. Eventuell könnten Sie bei einer internen Stellenbesetzung diesen Mitarbeiter auch als potenziellen Nachfolger ins Gespräch bringen.

Tipp

Führungspotenzial / Rollenwechsel

Frage:

177. Was ändert sich in der Beziehung zu Ihren internen und externen Kunden, wenn Sie Führungskraft werden? ★★

Antworthinweis / Argumentationsstrategie:

Machen Sie sich bewusst, dass mit einem hierarchischen Aufstieg automatisch eine Änderung Ihrer externen und auch internen Kundenstruktur einhergeht. So haben Sie einen neuen direkten Vorgesetzten auf einer höheren Hierarchieebene, an den Sie nun berichten. Sie müssen sich mit bestimmten Führungskräften anderer Abteilungen vernetzen, auf die Sie angewiesen sind, und umgekehrt – dies sind ebenfalls interne Kunden. Selbstverständlich zählen dazu auch die Mitarbeiter Ihres Verantwortungsbereiches, die bestimmte Erwartungen an Sie haben.

Der Kontakt zu manchem externen Kunden, den Sie bisher selbst wahrgenommen haben, findet nun über einen Ihrer Mitarbeiter statt. Läuft im Umgang mit einem internen oder externen Kunden in Ihrem Wirkungsbereich etwas schief, so tragen Sie als Führungskraft die Gesamtverantwortung. Sie repräsentieren das Team nach außen hin und sind damit für Kunden automatisch auch Anlaufstelle bei Problemen, Reklamationen und Fehlern Ihrer Mitarbeiter.

Frage:

178. Wie ändert sich für Sie als Führungskraft das Verhältnis zu Ihren jetzigen Kollegen? ★★

Antworthinweis / Argumentationsstrategie:

Beim Aufstieg von der Mitarbeiter- in die Führungsebene vollzieht sich ein Rollenwechsel, somit ändert sich vieles in der Beziehung zu bisherigen Kollegen, die nun Ihre Mitarbeiter sind. Als Führungskraft sind Sie verantwortlich für die Zielerreichung in Ihrem Team und repräsentieren Ihren Mitarbeitern gegenüber die Unternehmensseite. Um dieser Rolle gerecht zu werden, ist es unvermeidbar, bestimmte Dinge unmissverständlich anzusprechen und ab und zu auch wenig populäre Nachrichten zu kommunizieren. Sie können es nicht jedem recht machen und werden nicht bei jedem Mitarbeiter gleichermaßen beliebt sein. Als neue Führungskraft ziehen Sie automatisch eine gewisse Aufmerksamkeit auf sich. Mitarbeiter beobachten, wie Sie in der neuen Führungsrolle agieren und ob Sie sich tatsächlich vorbildlich verhalten. Eventuell bildet sich auch von Mitarbeiterseite aus eine gewisse Distanz, da Sie plötzlich eben nicht mehr einer „von der Mannschaft" sind.

Frage:
179. Worin sehen Sie in einer Führungsposition die wesentlichen Unterschiede zu Ihrer jetzigen Tätigkeit? ★★

Antworthinweis / Argumentationsstrategie:
Dies hängt immer von den jeweiligen Funktionen ab. Geht man von einem Wechsel von der Mitarbeiter- in die Führungsebene aus, sollten Ihnen folgende typische Unterschiede bewusst sein:

- anspruchsvollere und verantwortungsvollere Aufgaben (Führungsaufgaben, siehe Frage 135)
- Reduzierung fachlicher und operativer Aufgaben
- größerer Entscheidungs- und Gestaltungsspielraum
- Gesamtverantwortung für die Ergebnisse des Teams
- Erwartungen von oben als auch von unten (Sandwichposition)
- Veränderung der Beziehung zu internen und externen Kunden (siehe Frage 177)

Fragen:
180. In welchen Situationen haben Sie bereits geführt? ★★
181. Welche Führungserfahrung bringen Sie mit? ★★

Antworthinweis / Argumentationsstrategie:
Zeigen Sie auf, bei welchen Aufgaben Sie bereits eine Führungsrolle ausgeübt haben. Erfahrungsgemäß haben gerade Nachwuchskräfte, die sich für Ihre erste Führungsposition bewerben, Schwierigkeiten bei

der Beantwortung dieser Frage. Der Grund: Sie beziehen sie ausschließlich auf eine klassische Führungsposition und die disziplinarische Führung.

Denken Sie auch an die laterale Führung – also Führung von der Seite ohne ein hierarchisches Gefälle. Oft treffen mindestens ein bis zwei der folgenden Punkte, die dazu geeignet sind, die Ausübung von Führungsaufgaben zu belegen, auf jede Nachwuchskraft zu:

- stellvertretende Teamleitung
- kommissarische Teamleitung
- Projekt- oder Teilprojektleitung
- aufgabenbezogene, fachliche Führung von Kollegen
- Betreuung von Auszubildenden oder Praktikanten
- Unterweisung von Fremdarbeitskräften
- Organisation von Events und Messeauftritten
- Leitung oder Moderation von Schulungen und Workshops

Tipp

6. Thema „Fachliche Kompetenz": typische Fragen, Argumentationsstrategien, Antworten

Frage:
182. Wie stellen Sie sich Ihre Aufgabe bei uns vor? ★★

Antworthinweis / Argumentationsstrategie:
Die Aufgaben und Anforderungen gehen in der Regel aus einer Stellenausschreibung hervor – mit dieser sollten Sie sich im Vorfeld ohnehin intensiv auseinandergesetzt haben. Stellen Sie die wesentlichen Aufgaben und die dafür erforderlichen Voraussetzungen mit Ihren eigenen Worten dar. Sollten Sie bei einzelnen Tätigkeiten unsicher sein, weil vielleicht die Stellenanzeige hierzu recht unpräzise war, dann formulieren Sie dies lieber als Frage, zum Beispiel: „Wenn ich die Stellenausschreibung richtig interpretiert habe, gehört auch XY zu meinen Aufgaben. Habe ich das richtig verstanden?"

Frage:
183. Wie stellen Sie sich Ihre Einarbeitung vor? ★★

Antworthinweis / Argumentationsstrategie:
Lassen Sie keinen Zweifel daran, dass Sie sich möglichst schnell in die fachlichen Themen, Aufgaben und Prozesse einarbeiten werden und Sie dabei proaktiv die notwendigen Informationen einholen. Sie sollten dabei auch eine realistische Vorstellung davon zum Ausdruck bringen können, welche Themen Priorität haben, worin der größte Bedarf liegt und welche Hilfsmittel Ihnen zur Verfügung stehen.

Tipp

In größeren Unternehmen gibt es oftmals sogenannte Einarbeitungspläne, in denen geregelt ist, welche Stationen ein neuer Mitarbeiter durchlaufen muss. Knüpfen Sie deshalb ruhig mit der Frage an, wie Ihre Einarbeitung aus Unternehmenssicht vorgesehen ist, ohne dabei den Eindruck zu erwecken, dass Sie sie als Bringschuld des Arbeitgebers betrachten.

Frage:
184. Wie lange werden Sie für Ihre Einarbeitung brauchen? ★★

Antworthinweis / Argumentationsstrategie:
Auch wenn nicht explizit danach gefragt wird, empfiehlt es sich, zunächst so zu antworten wie bei der vorhergehenden Frage. Stellen Sie also dar, wie Sie bei Ihrer Einarbeitung vorgehen werden. Sie sollten in der Lage sein, den ungefähren Zeitbedarf zu veranschlagen, den Sie für realistisch halten. Im Durchschnitt gelten drei bis vier Monate als angemessene Einarbeitungszeit. Abhängig von der jeweiligen Position kann die erforderliche Zeit aber stark variieren. Handelt es sich um eine unternehmensinterne Bewerbung, sollten Sie schneller eingearbeitet sein, als dies bei einem Arbeitgeberwechsel der Fall wäre.

Fragen:
185. In welchen Bereichen sehen Sie derzeit noch Defizite? ★★
186. Was spricht gegen Sie als Bewerber? ★★

Antworthinweis / Argumentationsstrategie:
Dass ein Kandidat zu 100 Prozent dem Anforderungsprofil des Arbeitgebers entspricht, ist unrealistisch. Deshalb wird es vermutlich auch bei Ihnen einige Punkte geben, die (noch) nicht ganz dem Wunschprofil

entsprechen. Eine Stellenausschreibung oder ein Anforderungsprofil enthält sowohl Muss- als auch Kann-Kriterien. Klären Sie, welche dies sind und inwieweit Sie die unterschiedlichen Kriterien erfüllen. Wählen Sie innerhalb der Kann-Kriterien einen Punkt aus, von dem Sie tatsächlich der Meinung sind, dass Sie ihn noch nicht so gut abdecken. Zeigen Sie auf, dass Sie hier noch einen gewissen Nachholbedarf vermuten, aber dass Sie sich grundsätzlich zutrauen, sich in dieses Thema gut einzuarbeiten. Fragen Sie ruhig nach, wie wichtig man aus Arbeitgebersicht dieses Kriterium einschätzt. Ein Bewerber, der keinerlei Defizite bei sich vermutet und behauptet, alle Anforderungen vollkommen abdecken zu können, wirkt unglaubwürdig oder zumindest unreflektiert.

Frage:
187. Wie würden Sie Ihren Arbeitsstil beschreiben? ★★

Antworthinweis / Argumentationsstrategie:
Nennen Sie am besten zwei bis drei Punkte, die Ihren Arbeitsstil charakterisieren, wie etwa analytisch, effizient, diszipliniert, ergebnisorientiert, kundenorientiert, lösungsorientiert, rational, selbstständig, sorgfältig, vorausschauend, zupackend usw. Erklären Sie danach kurz, was Sie darunter verstehen. Achten Sie darauf, dass die Attribute sich gut in das Anforderungsprofil fügen und gleichzeitig authentisch sind, also zu Ihrem Arbeitsstil passen.

Kandidat Ralf Hildebrand: „Meinen Arbeitsstil möchte ich als analytisch und ergebnisorientiert beschreiben. Ich gehe Projekte grundsätzlich sehr gezielt und strukturiert an. Als Beispiel möchte ich die kürzliche Reorganisation unserer IT-Architektur anführen. Hierzu entwarf ich in Abstimmung mit den Bereichsleitern und der Unternehmensleitung zunächst einen Anforderungskatalog, der dann, systematisiert nach sinnvollen Kategorien, mit dem Ist-Zustand abgeglichen wurde. Hieraus wurden der zwingend erforderliche sowie der gewünschte optionale Optimierungsbedarf ermittelt. Unter Berücksichtigung des zur Verfügung stehenden Budgets konnten wir der Unternehmensleitung so zwei alternative Lösungsvorschläge präsentieren. Durch meine analytische Herangehensweise fällt es mir nicht schwer, auch für komplexe Fragestellungen Lösungen zu entwickeln."

Beispiel

Fragen:

188. Welche richtungsweisenden Trends sehen Sie in Ihrem (künftigen) Aufgabengebiet? ★★

189. Welche neuen Trends und Entwicklungen erscheinen Ihnen in Ihrem Fachgebiet besonders wichtig? ★★

Antworthinweis / Argumentationsstrategie:
Sie sollten in der Lage sein, ein bis zwei Trends und deren Auswirkungen auf Ihr Aufgabengebiet oder Ihren Fachbereich zu beleuchten. Denken Sie dabei an technische Innovationen, die sich auf Produkte und Prozesse auswirken können, oder auch an Veränderungen im Verbraucherverhalten.

Frage:

190. Wie bilden Sie sich in Ihrem Aufgabengebiet weiter? ★

Antworthinweis / Argumentationsstrategie:
Bringen Sie zum Ausdruck, dass Sie sich permanent weiterbilden und entsprechende Möglichkeiten regelmäßig wahrnehmen. Denken Sie dabei an:

• Fachliteratur
• Branchen- und Verbandszeitschriften
• Workshops
• Vorträge
• Kongresse
• Messen

Im Prinzip können Sie ähnlich antworten wie auf die Frage „Wann haben Sie sich zum letzten Mal fortgebildet?" (Frage 67). Findet in der Branche turnusmäßig eine Veranstaltung statt, die als das richtungsweisende Ereignis gilt, so sollte diese für Sie ohnehin ein Pflichttermin bei der Vorbereitung Ihrer beruflichen Neuorientierung sein. Manchmal gibt es auch ein bestimmtes Branchenblatt, das als Muss gesehen wird. Lesen Sie sich zumindest in die aktuelle Ausgabe ein, bevor Sie ins Vorstellungsgespräch gehen. Wichtig ist, dass Sie sich mit den Weiterbildungsaktivitäten tatsächlich auseinandergesetzt haben, da Sie mit der einen oder anderen Rückfrage rechnen müssen.

Frage:
191. Wo liegen Ihre Aufgabenschwerpunkte? ★

Antworthinweis / Argumentationsstrategie:
Nennen Sie die drei bis sechs Hauptaufgaben in Ihrer jetzigen Position. Von Vorteil ist es, wenn Sie Parallelen zu der von Ihnen angestrebten Stelle sichtbar machen können. Es wird nach Schwerpunkten gefragt, deshalb empfiehlt sich eine kompakte Darstellung ohne Details. Bei Bedarf sollten Sie entsprechende Beispiele zu den jeweiligen Schwerpunkten liefern können.

Frage:
192. Wie sieht ein für Sie typischer Arbeitstag aus? ★

Antworthinweis / Argumentationsstrategie:
Bauen Sie die Beschreibung des typischen Arbeitstages so auf, dass daraus ein guter Querschnitt Ihrer Aufgabenschwerpunkte erkennbar wird (siehe Frage 191). Beschränken Sie sich auf die wesentlichen Tätigkeiten und sehen Sie davon ab, einen realen Arbeitstag lückenlos zu rekonstruieren.

Frage:
193. Wie sah Ihr beruflicher Werdegang bisher aus? ★★

Intention:
Zwei Punkte sind von Bedeutung:

• Eignung für die Position: Diese Frage bietet eine weitere Möglichkeit, anhand der bisherigen Berufserfahrung die Passung für die zu besetzende Position einzuschätzen. Wenn den Gesprächspartnern der Lebenslauf bereits vorliegt – was meist der Fall ist –, kann man von einer grundsätzlichen Eignung für die Position ausgehen, da sonst ein Interview überflüssig wäre. Die Aussage des Kandidaten wird häufig dazu genutzt, um mit Rückfragen an bestimmte Erfahrungen anzuknüpfen und weitere Informationen zu gewinnen.
• Art der Informationsaufbereitung: Ist der Kandidat in der Lage, Informationen kompakt, strukturiert und zugleich aussagekräftig zu vermitteln? Antwortet er sehr detailliert oder gar langatmig und schwer nachvollziehbar? Anhand der Aufbereitung dieser Antwort

werden gerne Rückschlüsse auf andere Persönlichkeitsmerkmale und Fähigkeiten gezogen.

Antworthinweis / Argumentationsstrategie:
Umreißen Sie die jeweilige Position kurz mit den Aufgabenschwerpunkten – bei längeren Biografien maximal drei – und eventuell mit einem erwähnenswerten positiven Resultat Ihrer Tätigkeit. Als Führungskraft sollten Sie auch auf die Größe des Verantwortungsbereiches eingehen – also Mitarbeiteranzahl und Budgetverantwortung nennen.

Tipp

> Da aktuelle Erfahrungen für die Interviewer normalerweise interessanter sind, können Sie die aktuelle und vielleicht die vorhergehende Position ein wenig ausführlicher darstellen. Bei Stationen, die bereits länger zurückliegen, genügt lediglich die Nennung der Position ohne Details. Kandidaten mit längerer Berufserfahrung sollten am besten chronologisch rückwärts vorgehen, von der Gegenwart zur Vergangenheit. Jüngere Bewerber mit einer kurzen Berufsbiografie können Ihre Antwort auch chronologisch vorwärts aufbauen und würden dann mit Studien- oder Schulabschluss einsteigen.

Frage:
194. Was kann unser Unternehmen von seinen Mitbewerbern lernen? ★★★

Antworthinweis / Argumentationsstrategie:
Die Beantwortung dieser Frage setzt voraus, dass Sie das Unternehmen und dessen Wettbewerbsumfeld gut kennen. Zur Vorbereitung auf das Interview sollten Sie das Unternehmen zunächst mit seinen zwei bis drei wichtigsten Mitbewerbern vergleichen. Gehen Sie dabei insbesondere auf die vier Bereiche Produkt-, Preis-, Kommunikations- und Distributionspolitik ein. Vielleicht gibt es einen Teilbereich, in dem ein Mitbewerber einen Wettbewerbsvorsprung hat, sodass sich das Unternehmen etwas abschauen könnte.

Frage:
195. Welche Kritikpunkte an unserem Unternehmen sind aus Ihrer Sicht berechtigt? ★★★

Antworthinweis / Argumentationsstrategie:
Als interner Bewerber oder langjähriger Brancheninsider sollten Sie

darauf auf jeden Fall antworten können. Anders als bei der vorherigen Frage geht es aber nicht unbedingt um einen direkten Vergleich zu einem anderen Unternehmen. Vermeiden Sie Kritik an der aktuellen Unternehmensstrategie, an der Personalpolitik, der Organisationsstruktur oder an tagesaktuellen Entscheidungen.

Tipp

> Wählen Sie stattdessen ein Thema aus, das schon länger zurückliegt und das auch vom Unternehmen inzwischen als unvorteilhaft gesehen wird. Gibt es beispielsweise eine technische Entwicklung, die zu spät angegangen wurde? Hat man an einer bestimmten Verfahrensweise zu lange festgehalten oder hat sich das Unternehmen vielleicht vor einigen Jahren bei einer Übernahme verzettelt? Um den Eindruck der Besserwisserei zu vermeiden, sollten Sie es bei einem Kritikpunkt belassen.

Frage:
196. Welche Zukunftsthemen haben strategische Bedeutung für unser Unternehmen? ★★★

Antworthinweis / Argumentationsstrategie:
Es wird erwartet, dass Sie hier auf jeden Fall ein bis zwei Themen beleuchten können, die Sie als strategisch bedeutsam erachten. Sie können ähnlich vorgehen wie bei den Fragen 188 und 189. Allerdings sollten Sie die Antwort nicht nur auf Ihr spezielles Fachgebiet, sondern auf das ganze Unternehmen beziehen.

7. Thema „Rahmenbedingungen und Konditionen": typische Fragen, Argumentationsstrategien, Antworten

Frage:
197. Welche Fragen haben Sie an uns? ★

Antworthinweis / Argumentationsstrategie:
Stellen Sie Fragen, die Sie sich selbst überlegt haben. Welche Punkte Sie dazu vorbereiten können, erfahren Sie im Kapitel „Wegweiser für Ihre persönliche Vorbereitung" in Teil A ab S. 54.

Frage:
198. Welche Gehaltsvorstellung haben Sie? ★★

Antworthinweis / Argumentationsstrategie:
Es ist üblich, die Gehaltsforderung als Gesamtbetrag des gewünschten Bruttojahresentgeltes anzugeben. Verhandlungstaktisch ist es geschickter, einen ganz konkreten Betrag anstatt einer Spanne zu nennen. Stellen Sie Ihren Einkommenswunsch als angemessenen Gegenwert Ihrer Qualifikation, Ihrer Einsatzbereitschaft und Ihrer Berufserfahrung dar, die Sie für Ihren Arbeitgeber gewinnbringend einsetzen werden. Weiterführende Informationen finden Sie im Kapitel „Gehaltsverhandlung" im Teil C ab S. 172.

Frage:
199. Wann könnten Sie bei uns anfangen? ★★

Intention:
Hinter dieser simpel erscheinenden Frage kann mehr stecken, als man zunächst vermutet. Vordergründig geht es um eine Sachinformation – nämlich die terminliche Verfügbarkeit. Darüber hinaus lässt sie Rückschlüsse auf das Verhältnis zum jetzigen Arbeitgeber sowie die Loyalität und das Entscheidungsverhalten des Kandidaten zu.

Antworthinweis / Argumentationsstrategie:
Bewerber empfinden diese Frage zumeist als positives Signal, welches ein deutliches Interesse des Arbeitgebers ausdrückt. Aus Freude über diesen Etappensieg sollte man sich aber nun nicht zu der spontanen Aussage hinreißen lassen, dass man so bald wie möglich anfangen möchte. Kandidaten versuchen damit die Interviewer von ihrer Motivation und ihrem Interesse an der Position zu überzeugen. Aber: Ein qualifizierter Kandidat, der eine verantwortliche Position ausübt, wird nicht sofort verfügbar sein, daß ist jedem Personalverantwortlichen bewusst. Die Antwort, sofort verfügbar zu sein, könnte daher aus Sicht des Gesprächspartners auf die Einstellung „nach mir die Sintflut" und damit auf mangelnde Loyalität und Beständigkeit hindeuten.
Gemäß dem Motto „Reisende soll man nicht aufhalten" wird man sich mit dem bisherigen Arbeitgeber über ein Ausscheiden vor Ablauf der Kündigungsfrist in den meisten Fällen einigen können. Wenn Sie diesen Vorschlag jedoch sehr früh ins Gespräch bringen, könnte dies so

interpretiert werden, dass Ihr Arbeitgeber ohnehin froh ist, sich von Ihnen zu trennen. Deshalb sollten Sie bei dieser Antwort nichts überstürzen.

Tipp

Sind Sie bereits Arbeit suchend, verhält es sich natürlich etwas anders. Sie werden logischerweise recht kurzfristig verfügbar sein, das weiß auch Ihr Interviewpartner. Trotzdem sollten Sie nicht spontan antworten, dass Sie am liebsten morgen anfangen würden. Zielführender ist die folgende Vorgehensweise: Sie signalisieren Ihre grundsätzliche Bereitschaft, möglichst bald einzusteigen. Fragen Sie dann aber nach, welcher Eintrittstermin der Wunschvorstellung des Arbeitgebers entspricht. Es ist auch legitim, darauf hinzuweisen, dass Sie sich noch mit Ihrer Familie oder Ihrem Partner abstimmen möchten. Ein Arbeitsplatzwechsel oder die Übernahme einer anspruchsvollen Position ist eine wichtige Weichenstellung in Ihrem Leben. Es zeugt von einer gewissen Reife, wenn Sie Ihr engstes Umfeld bei der Entscheidung einbeziehen.

Kandidat Ralf Hildebrand: „Es freut mich, dass Sie diese Frage stellen. Bei meinem derzeitigen Arbeitgeber habe ich eine vertragliche Kündigungsfrist von sechs Monaten, von daher könnte ich die Stelle frühestens zum 1. April nächsten Jahres antreten. In diesem Zeitraum wäre auch eine geordnete Übergabe an meinen Nachfolger möglich. Auf jeden Fall möchte ich die Entscheidung für oder gegen die Stelle in Ihrem Hause auch mit meiner Familie besprechen, zumal sie ja mit einem Ortswechsel verbunden wäre. Was wäre denn von Ihrer Seite der gewünschte Eintrittstermin?"

Beispiel

Frage:
200. Wenn wir Ihnen sofort einen fertig erstellten Vertrag vorlegen, würden Sie ihn unterzeichnen? ★★

Antworthinweis / Argumentationsstrategie:
Antworten Sie, dass Sie sich über eine zügige Bewerberauswahl und ein konkretes Angebot des Unternehmens sehr freuen. Gehen Sie ähnlich

vor wie bei der vorherigen Frage und lassen Sie sich nicht zu einem spontanen Zugeständnis hinreißen. Argumentieren Sie, dass Sie sich vorher mit Ihrem bisherigen Arbeitgeber und eventuell mit Ihrer Familie abstimmen möchten. Zeigen Sie auf, dass Sie bei so wichtigen Dingen keine übereilten Entscheidungen treffen, sondern darüber eine Nacht schlafen möchten.

Frage:
201. Haben Sie noch andere Bewerbungen laufen? ★★

Antworthinweis / Argumentationsstrategie:
Die Beantwortung hängt von Ihrer persönlichen Situation ab:

- Bewerben Sie sich aus einem sicheren Arbeitsverhältnis heraus, so deuten weitere Bewerbungen darauf hin, dass Sie womöglich um jeden Preis schnell eine neue Stelle suchen. Zudem könnte dies im Widerspruch zu der von Ihnen dargestellten Motivation für die Bewerbung stehen (siehe Fragen 26–32).
- Sind Sie dagegen Arbeit suchend, ist es ganz selbstverständlich, dass Sie mehrere Bewerbungen laufen haben – sonst würden Sie entweder unglaubwürdig oder zu wenig engagiert wirken.

Gerne wird in diesem Zusammenhang auch nachgefragt, bei welchen Unternehmen Sie sich noch beworben haben. Hier brauchen Sie sich nicht zu tief in die Karten blicken lassen. Ein allgemeiner Hinweis auf die Branche oder die von Ihnen angestrebte Funktion sollte genügen. Dabei darf wiederum kein Widerspruch zu der von Ihnen vermittelten Motivation für die Bewerbung entstehen. Wer angibt, dass er sich auf alle nur erdenklichen Stellen querbeet durch alle Branchen bewirbt, wirkt wie ein „Hansdampf in allen Gassen", dem das klare Ziel vor Augen fehlt.

Frage:
202. Haben Sie sich auf diesen Interviewtermin vorbereitet? ★

Antworthinweis / Argumentationsstrategie:
Räumen Sie ein, dass Sie sich selbstverständlich vorbereitet haben. Die Vorbereitung auf einen wichtigen Termin – wie Ihr Interview – zeugt von einer gewissen Systematik, Eigeninitiative und Sorgfalt. Stellen Sie

dar, dass Sie diese Gelegenheit zur Selbstreflexion genutzt haben und sich natürlich auch mit dem Anforderungsprofil auseinandergesetzt haben. Ich rate Ihnen jedoch davon ab, darauf einzugehen, dass Sie sich mit Hilfe eines speziellen Ratgebers wie diesem vorbereitet haben.

Frage:
203. Wie haben Sie dieses Gespräch erlebt? ★★

Antworthinweis / Argumentationsstrategie:
Geben Sie grundsätzlich positives Feedback – etwa, dass Sie das Interview als offen und konstruktiv erlebt haben. Wurde das Gespräch phasenweise als Stressinterview geführt, dann räumen Sie ruhig ein, dass Sie einige Fragen als herausfordernd oder provokant empfunden haben und Ihnen bewusst ist, dass dies vermutlich auch beabsichtigt war.

Wie ein Stressinterview abläuft, erfahren Sie übrigens in Teil C in Kapitel 2 ab Seite 163.

Teil C: Strategien für spezielle Interviewsituationen

1. Umgang mit speziellen Fragetaktiken der Personaler

Der Werkzeugkoffer von Interviewer umfasst verschiedene Fragetechniken. Diese ermöglichen es, alle nur denkbaren Interviewthemen über unterschiedlichste Konstellationen abzufragen. Sie erhalten nun einen Überblick über die am häufigsten eingesetzten Fragetechniken und die damit verbundene Taktik der Interviewer.

Direkte offene Fragen

W-Fragen Bei den sogenannten W-Fragen (Welche, Wie, Warum usw.) handelt es sich um die Grundfragetechnik eines jeden Interviews. Offene Fragen begünstigen einen möglichst hohen Informationsoutput. Gleichzeitig ist die Intention der Interviewer für den Befragten transparent.

Beispiel
- *„Worin sehen Sie Ihre Stärken und Ihre Schwächen?"*
- *„Was macht eine gute Führungskraft aus?"*

Nutzen Sie die Gelegenheit, etwas ausführlicher zu antworten. Es ist gut möglich, den Gesprächsverlauf ein wenig zu beeinflussen, indem Sie Themen und Beispiele einfließen lassen, die den Interviewer veranlassen, detailliert nachzuhaken.

Geschlossene Fragen

Diese Fragen werden eingesetzt, um möglichst schnell eindeutige Informationen zu erhalten oder einen Sachverhalt einzugrenzen.

- *„Treiben Sie Sport?"*
- *„Haben Sie noch andere Bewerbungen laufen?"*

Bitte reagieren Sie auf solche Fragen niemals nur mit einem „Ja" oder „Nein". Liefern Sie vielmehr gleich die Begründung oder Erläuterung mit, zum Beispiel, welchen Sport Sie treiben. Aber Achtung: Geschlossene Fragen sind auch eine Möglichkeit, Bewerber aufs Glatteis zu führen, da sie suggerieren, es gäbe zwei eindeutige Antwortmöglichkeiten.

- *„Halten Sie es für wichtig, alle Wünsche unserer Kunden zu erfüllen?"*

Legen Sie sich nicht vorschnell auf eine absolute Ja- oder Nein-Position fest. Geschlossene Fragen zu kniffligen Themen oder provokanten Thesen lassen sich selten mit einem uneingeschränkten „Ja" oder „Nein" beantworten, sondern erfordern eine differenziertere Betrachtung. Wie Sie diese Frage inhaltlich geschickt beantworten, erfahren Sie übrigens auf S. 113 (Frage 105 in Teil B).

Projektive Fragen

Hier wird eine dritte Person gedanklich in die Fragestellung einbezogen.

- *„Welche Tipps würde Ihnen ein wohlwollender Kollege geben, woran Sie noch an sich arbeiten sollten?"*
- *„Was stört Sie an Ihren Mitmenschen?"*

Dadurch soll die Intention der Fragestellung verschleiert werden. Deren Ziel ist es nämlich, ehrlichere und weniger angepasste Aussagen zu erhalten. Mit projektiven Fragestellungen wird deshalb gerne bei den Themen Stärken, Schwächen und Werte gearbeitet. Die Erfahrung zeigt, dass einige Kandidaten dann tatsächlich aus dem Nähkästchen plaudern und weitere Informationen preisgeben.

Häufig wird die projektive Frage zu einem späteren Zeitpunkt gestellt. Ein Beispiel: Wenn offen nach Schwächen gefragt wurde, ist es gut möglich, dass die Interviewer einige Minuten später – wenn für Sie das Thema schon abgehakt ist – versuchen, über eine projektive Frage weitere Erkenntnisse zu sammeln. Erkennen Sie diese Taktik, dann sollten Sie natürlich die gleiche Botschaft wie bei der vorher offen gestellten Frage vermitteln, ohne dabei den exakt gleichen Wortlaut zu verwenden.

Situative Fragen

Sachverhalte hinterfragen

Der Kandidat wird dazu aufgefordert, anhand einer konkreten Situation zu schildern, welche Vorgehensweise er zur Problemlösung herangezogen hat.

Beispiel

- *„Beschreiben Sie eine Situation, in der Sie ein schwieriges Problem zu lösen hatten. Wie sind Sie dabei vorgegangen?"*
- *„Gab es einen Knick auf Ihrem bisherigen Karriereweg und wie haben Sie ihn verarbeitet?"*

PAR-Technik nutzen

Diese Frageform dient in erster Linie dazu, herauszufinden, ob bestimmte Fähigkeiten tatsächlich ausgeprägt sind oder ob es lediglich einen theoretischer Lösungsansatz dazu gibt. Diese Methode ist bei Interviewern recht beliebt, weil sich damit nahezu alle Kompetenzfelder und Interviewthemen hinterfragen lassen. Um die Selbsteinschätzung eines Kandidaten – also die Stärken und Schwächen – auf Plausibilität zu überprüfen und widersprüchliche Aussagen aufzudecken, sind situative Fragen ebenfalls gut geeignet. Mit den Empfehlungen aus dem Kapitel „Punkten mit der PAR-Technik" (S. 16) wird es Ihnen leichtfallen, situative Fragen mit einem treffenden Beispiel zu beantworten.

Enthält eine situative Frage eine unzutreffende Unterstellung, wie eventuell beim Thema Karriereknick im zweiten Beispiel, dann weisen Sie den Sachverhalt ruhig von sich:

Beispiel

„Glücklicherweise habe ich so etwas noch nie erlebt und bin mit meinem bisherigen Karriereweg sehr zufrieden."

Hypothetische Fragen

Lösung für ein Problem finden

Bei hypothetischen Fragen wird Ihnen ein Problem geschildert, auf das Sie nun reagieren müssen. Im Unterschied zur situativen Frage wird nicht eine erlebte, sondern eine fiktive Situation hinterfragt.

- *„Stellen Sie sich vor, Sie müssten in Ihrem Verantwortungsbereich einen Mitarbeiter entlassen. Nach welchen Kriterien wählen Sie diesen Mitarbeiter aus?"*

Hypothetische Fragen kommen vor allem bei den Themenfeldern zum Einsatz, zu denen noch keine Erfahrungen, aber dennoch Lösungsansätze und Hintergrundwissen erwartet werden. Diese Befragungsmethode wird sowohl bei Berufseinsteigern als auch bei angehenden Führungskräften recht häufig eingesetzt. Dabei arbeiten die Interviewer weniger mit alltäglichen Problemen, sondern mit recht anspruchsvollen Fallbeispielen.

Bei der Interviewvorbereitung ist es darum nützlich, sich gedanklich mit typischen erfolgskritischen Situationen der Zielposition auseinanderzusetzen. Spielen Sie vorab Ihre Herangehensweise an unterschiedliche Problemszenarien der angestrebten Funktion gedanklich durch.

Alternativfragen

Solche Fragen können unvorbereitete Kandidaten im Interview schnell in eine Entscheidungszwickmühle bringen.

„Arbeiten Sie lieber alleine oder im Team?"

Bevor Sie sich spontan für einen der beiden Aspekte entscheiden, sollten Sie überlegen, in welcher Beziehung diese zueinander stehen. Alternativfragen suggerieren zwar ein „Entweder-oder-Verhältnis", in Wirklichkeit befinden sich die meisten Antwortpaare jedoch in einer „Sowohl-als-auch-Beziehung". Dies gilt es zu erkennen und bei der Beantwortung zu berücksichtigen. Verknüpfen Sie die Vorteile der unterschiedlichen Ansätze miteinander und antworten Sie differenziert. Wenn Sie auf solche Fragen mit einem einseitigen Plädoyer reagieren, müssen Sie damit rechnen, von den Interviewern nun genau auf der anderen Flanke angegriffen zu werden.

Zusammenhang der Aspekte herstellen

Skalenfragen

Sie werden von den Interviewern gebeten, auf einer Zahlenskala (zum Beispiel von 1 bis 10) nacheinander bestimmte Fähigkeiten spontan einzuschätzen. Ist diese Fragebatterie abgeschlossen, wird üblicherweise bei einigen Punkten hinterfragt, wie Sie zu genau dieser Einschätzung gelangen. Bewegen Sie sich mit Ihrer Einschätzung ausschließlich im Mittelfeld, könnte der Eindruck entstehen, dass es mit Ihrer differenzierten Selbstreflexion nicht zum Besten steht.

Tipp

> Scheuen Sie sich nicht davor, auch die Enden der Skala auszunutzen. Sie erzeugen damit ein selbstbewussteres und aussagekräftigeres Bild und ermöglichen sich zugleich, Eigenschaften, bei denen Sie wirklich unsicher sind, in der Mitte zu platzieren. Die Skalenabfrage kommt nicht ganz so häufig zum Einsatz wie die anderen hier vorgestellten Fragetechniken.

Zahlenfragen

Die Aufforderung „Bitte nennen Sie uns zehn Schwächen!" ist gut geeignet, um bei Bewerbern Panik zu erzeugen, und deshalb ein probates Mittel in Stressinterviews (siehe nächster Abschnitt). Die Fragestellung zielt darauf ab, den Bewerber zu irritieren. Er soll seine vorbereitete Argumentationsstrategie verlassen. So banal diese Fragetechnik erscheinen mag, so wirkungsvoll ist sie. Es dürfte klar sein, dass kaum jemand aus dem Stegreif zehn Schwächen nennen kann – geschweige denn freiwillig nennen will. Nicht wenige Kandidaten lassen sich jedoch von solchen Fragen beeindrucken. Sie versuchen schließlich, die Vorgabe pflichtgemäß zu erfüllen – nicht immer zu ihrem Vorteil.

Zahlenangabe überhören

Von Rechtfertigungen wie „Zehn kann ich Ihnen leider nicht nennen, aber zwei oder drei Schwächen hätte ich schon" ist abzuraten. Geschickter ist es, bei der Beantwortung der Frage so zu tun, als hätte man die vorgegebene Zahl schlichtweg überhört. Darum: Antworten Sie so, wie Sie es auch bei einer offenen Frage zu diesem Thema tun würden. Auch bei weiterem Nachfragen sollten Sie sich nicht dazu verleiten lassen, zusätzliche Schwächen, die Sie ursprünglich gar nicht nennen wollten, ins Spiel zu bringen.

2. Stressinterview

Faktoren der
Stresserzeugung

Von einem Stressinterview spricht man dann, wenn unabhängig von den Interviewthemen über den Kommunikationsstil erheblicher Druck aufgebaut wird. Im vorhergehenden Abschnitt wurde deutlich, dass dies über bestimmte Fragetechniken besonders gut möglich ist. Doch darüber hinaus gibt es weitere Faktoren, die den Charakter eines Stressinterviews verstärken können.

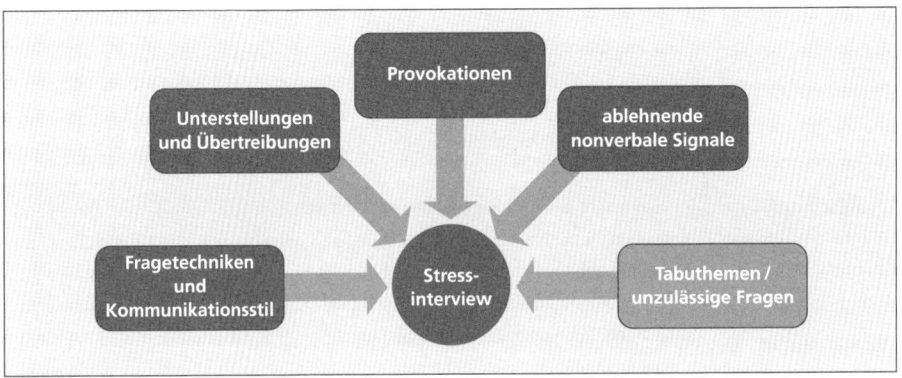

Fragetechniken und Kommunikationsstil

Vereinzelte Alternativ-, Skalen- und Zahlenfragen kommen häufig zum Einsatz und machen noch kein Stressinterview aus. Dominieren diese Fragetypen jedoch zu Lasten der offenen Fragen, wird der Stressfaktor erhöht.

Penetrantes
Nachfragen

Häufiges Nachfragen, das nicht dem besseren Verständnis dient, sondern darauf angelegt ist, den Kandidaten zu weiteren Aussagen zu nötigen, gehört ebenfalls ins Repertoire der Stresserzeugung. Lassen Sie sich bei penetrantem Nachfragen nicht dazu hinreißen, irgendetwas zu antworten, nur um danach in Ruhe gelassen zu werden. Meist ist gerade das Gegenteil der Fall – weitere bohrende Fragen folgen. Entgegnen Sie Ihrem Gesprächspartner lieber, dass Ihnen gerade keine weiteren Punkte mehr einfallen, ohne sich dafür zu rechtfertigen.

Auch mit dem entgegengesetzten Verhalten kann Druck aufgebaut werden, nämlich durch Schweigen. Stellen Sie sich vor, Sie hätten gerade eine Frage beantwortet. Nach Abschluss Ihrer Ausführungen starrt der Interviewer Sie nur erwartungsvoll an. Fehlende Rückmeldung und ausbleibende Fragen sind sehr wirkungsvolle Instrumente, um einen Gesprächspartner zu verunsichern. Um die erdrückende Stille zu beenden, ergreifen nun manche Kandidaten erneut das Wort, und laufen damit Gefahr, sich gehörig zu verzetteln. Sie reagieren souverän, wenn Sie das Schweigen aushalten und abwarten, bis der Gesprächspartner die Initiative ergreift. Bleiben Sie auch köpersprachlich ruhig und weichen Sie dem Blickkontakt nicht aus.

Unterstellungen und Übertreibungen

Oft greifen Interviewer frühere Antworten auf, um sie unzutreffend wiederzugeben oder daraus absichtlich falsche Schlüsse zu ziehen. Berichtet der Kandidat über seine Schwächen, könnte der Interviewer versuchen, die dargestellten Verhaltensweisen zu verallgemeinern oder daraus weitere kritische Punkte abzuleiten.

Beispiel

Interviewthema „Schwächen"
- *Kandidat: „Bei Besprechungen falle ich Mitarbeitern öfter ins Wort."*
- *Interviewer: „Aha, wenn ich Sie richtig verstehe, mangelt es Ihnen an Sensibilität und Einfühlungsvermögen."*

Die Taktik besteht darin, die Antworten bewusst falsch zu verstehen und bei der Wiedergabe der Aussagen zu überzeichnen oder zu verallgemeinern. Ziel ist es, ein verzerrtes Bild von der Person entstehen zu lassen. Lässt sie diese Unterstellung nun so stehen, wird dies als Zustimmung gewertet. Bei wenig selbstbewussten Kandidaten gelingt es so immer wieder, ihre Pluspunkte gänzlich abzutragen und die Schwächen extrem zu verstärken. So will der Interviewer herausfinden, ob der Kandidat in der Lage ist, eine Grenze zu ziehen und auch einmal „Nein" zu sagen.

Beschreiben die Interviewer Sie in einer Art und Weise, die nicht zutrifft, sollten Sie den Eindruck sofort revidieren. Korrigieren Sie die Aussage freundlich, aber unmissverständlich:

„Nein, vielleicht habe ich mich unklar ausgedrückt. Ich meinte damit lediglich, dass ich dazu neige, meine Mitarbeiter in Besprechungen öfters mal zu unterbrechen. An Sensibilität und Einfühlungsvermögen fehlt es mir keineswegs. Wie könnte ich sonst die Reaktion meiner Mitarbeiter auf mein Verhalten wahrnehmen?“

Beispiel

Provokationen

Angriffe und Provokationen dienen dazu herauszufinden, ob es Ihnen gelingt, auch in schwierigen Situationen die Contenance zu wahren. Durch Infragestellen der bisherigen Leistungen, Anzweifeln der Kompetenz oder Aufrühren negativer Erfahrungen versuchen die Interviewer, Sie zu provozieren.

Contenance bewahren

- *„Auf das, was Sie bisher geleistet haben, brauchen Sie wirklich nicht stolz zu sein.“*
- *„Warum gerade Sie als Führungskraft geeignet sein sollen, ist uns ein Rätsel.“*
- *„Warum haben Sie sich denn so lange auf einer Sachbearbeiterstelle ausgeruht? Scheuen Sie nur die Verantwortung oder mangelt es Ihnen an der Motivation, weiterzukommen?“*

Beispiel

Bleiben Sie bei solchen Fragen und Aussagen gelassen, freundlich und sachlich. Durch Angriff oder Flucht – natürlich auf der verbalen Ebene – würden Sie ausdrücken, dass die Gesprächspartner bei Ihnen einen Schlag ins Kontor gelandet haben. Widerlegen Sie die Behauptung durch Sachargumente. Manche provozierenden Aussagen können sogar eine Steilvorlage bieten, um Ihre Leistungen oder Ihre Kompetenz noch einmal ins rechte Licht zu rücken.

Ablehnende nonverbale Signale

Der Einsatz bestimmter nonverbaler Signale kann ein frostiges Gesprächsklima noch verstärken. Deutlich bedrohlicher wirken inhaltlich unangenehme Fragen, wenn sie mit entsprechendem Tonfall und der dazugehörigen Mimik vorgetragen werden. Wundern Sie sich also nicht, wenn Sie in versteinerte Gesichter blicken und der Unterton der Inter-

Ablehnung als Teil der Show

viewer leicht aggressiv oder zynisch wirkt. Ihre Antworten könnten auch mit ablehnenden körpersprachlichen Signalen wie Stirnrunzeln, Kopfschütteln oder Verdrehen der Augen quittiert werden.

Lassen Sie sich dadurch nicht verunsichern. Die Ablehnung auf der nonverbalen Ebene ist Teil der Show und hat normalerweise nichts mit Ihren Ausführungen zu tun. Versuchen Sie diese Verhaltensweisen zu ignorieren. Ziehen Sie deshalb vor allem nicht Ihre eigenen Aussagen in Zweifel. Bleiben Sie stets freundlich und beherrscht, auch wenn der Tonfall der Interviewer zynisch oder aggressiv ist.

Tabuthemen / unzulässige Fragen

Sicher wissen Sie, dass es sogenannte unzulässige Fragen gibt. Dabei handelt es sich um Themen, die die Persönlichkeitsrechte des Kandidaten verletzen oder einen Verstoß gegen das Allgemeine Gleichbehandlungsgesetz (AGG) darstellen. Personalverantwortliche sind aus eigenem (juristischen) Interesse darauf bedacht, jeglichen Verdacht einer Diskriminierung zu vermeiden. Werden Sie dennoch mit einer unzulässigen Frage konfrontiert, könnte diese aus der Unkenntnis eines wenig professionellen Interviewers resultieren. Auch wenn solche Fragen als bewusster Stresstest heute kaum mehr eingesetzt werden, möchte ich Ihnen der Vollständigkeit halber einen kurzen Überblick über die wichtigsten Aspekte geben.

Tabuthemen Grundsätzlich gelten folgende Punkte als tabu:

- Familienplanung und Schwangerschaft
- sexuelle Orientierung
- Vermögensverhältnisse
- bisheriges Gehalt
- Vorstrafen
- Krankheiten
- politische Einstellung und Parteimitgliedschaft
- Gewerkschaftszugehörigkeit
- Religionszugehörigkeit

Fragen zu diesen Themen können in Einzelfällen aber auch zulässig sein, etwa dann, wenn ein berechtigtes Interesse des Arbeitgebers vorliegt. Handelt es sich beim Arbeitgeber um einen sogenannten Tendenzbetrieb, also eine kirchliche Einrichtung, eine Gewerkschaft oder eine Partei, darf die diesbezügliche Einstellung oder Zugehörigkeit hinterfragt werden.

Etwas kniffliger ist es bei der Frage nach dem bisherigen Gehalt. Diese **Ausnahmen** ist dann zulässig, wenn sich daraus Rückschlüsse auf den Stellenwert der Aufgabe oder des Verantwortungsrahmens des Bewerbers ziehen lassen. Auf bestimmte Führungspositionen dürfte dieser Aspekt sicher zutreffen. Ebenso wäre es erlaubt, bei einer besonderen Vertrauensstellung – etwa der Position eines Geschäftsführers oder des Leiters der Finanzbuchhaltung – die Vermögensverhältnisse oder eventuelle Vorstrafen wegen Vermögensdelikten zu erfragen. Ähnlich verhält es sich mit der Frage nach Krankheiten, nämlich dann, wenn für den Arbeitsplatz besondere hygienische Anforderungen gelten, beispielsweise in Kliniken oder der Lebensmittelproduktion.

> Unzulässig gestellte Fragen dürfen Sie als Bewerber bewusst falsch beantworten. Reagieren Sie aber auch bei solchen Themen grundsätzlich freundlich und gelassen.

Tipp

Auch Arbeitgeber haben einen Ruf zu verlieren. Reine Stressinterviews kommen deshalb in der Praxis ausgesprochen selten zum Einsatz. Falls doch, sollten Sie sich ernsthaft überlegen, welche Rückschlüsse Sie daraus auf die Unternehmenskultur ziehen können und ob Sie für diesen Arbeitgeber überhaupt tätig werden möchten. Dass dagegen in einem ansonsten normal geführten Interview kleinere Stresssequenzen eingeflochten werden, ist nicht ungewöhnlich. Die Interviewer können sich so einen Eindruck von Ihrer Belastbarkeit und Ihrer kommunikativen Kompetenz in kritischen Gesprächssituationen verschaffen.

3. 90-Sekunden-Spot zur Selbstpräsentation

Beim 90-Sekunden-Spot handelt sich um die Kompaktform Ihrer mündlichen Selbstpräsentation. Werden Sie zu Beginn eines Interviews gebeten, sich kurz vorzustellen oder etwas über sich zu erzählen, können Sie mit Ihrem 90-Sekunden-Spot reagieren. Ziel ist es, dem Gesprächspartner in einer komprimierten Form die wichtigsten Informationen zu liefern – und das in eineinhalb Minuten. Bei längeren Antworten besteht die Gefahr, die Zuhörer zu überfordern, mit zu vielen Informationen zu belasten oder als egozentrisch wahrgenommen zu werden.

Profil schärfen Aus Teil A wissen Sie, dass gute Kandidatenantworten unter anderem gut strukturiert, prägnant und adressatengerecht aufgebaut sein sollten. 90 Sekunden haben sich als gute Größenordnung bewährt, wenn es darum geht, zu Gesprächsbeginn das eigene Profil darzustellen. Unser externer Bewerber für die Position eines IT-Leiters – Herr Hildebrand – geht wie folgt vor:

Beispiel

Aufforderung: *„Herr Hildebrand, wir haben Sie zu diesem Gespräch eingeladen, um Sie näher kennenzulernen, bitte erzählen Sie doch einmal von sich."*

Antwort – Version 1: *„Mein Name ist Ralf Hildebrand, ich bin 45 Jahre alt, geboren in Essen und lebe in Hannover. Ich bin verheiratet und habe zwei Töchter im Alter von acht und elf Jahren. Nach meinem Abitur habe ich an der FH Hamburg Informatik studiert und 1995 als Diplom-Informatiker abgeschlossen. Von 1995 bis 1996 war ich als Netzwerkbetreuer am Flughafen Hamburg unterwegs, zunächst als Fremdarbeitskraft, denn angestellt war ich eigentlich bei Compu-Systeams, die für den Flughafen gearbeitet haben. Der Flughafen hat mich dann 1997 in eine Festanstellung als IT-Koordinator übernommen. Danach ergab sich eine interessante Perspektive in der Unternehmensberatung. Ich erhielt die Möglichkeit, bei der Roland Boerne AG, als IT-Projektbetreuer einzusteigen. In dieser Zeit habe ich mich speziell um das Thema ‚Standortübergreifende Projektarbeit' gekümmert. Seit sieben Jahren bin ich nun in meiner jetzigen Position als EDV-Leiter bei der Winfried Sollmann GmbH in Hannover tätig. Ich weiß nicht, ob Sie die Sollmann GmbH kennen, das ist ein mittelständisches Großhandelsunternehmen für Gastronomiebedarf und führend* *auf diesem Sektor. In meiner Freizeit beschäftige ich mich mit Modellbau und mache Karate und lese ziemlich viel. Ja, das wären eigentlich so die wichtigsten Punkte zu meiner Person. "*

Herr Hildebrand reagiert auf die Aufforderung spontan so, wie viele eher unvorbereitete Kandidaten, nämlich mit dem Nacherzählen des Werdegangs. Damit wiederholt er eine Reihe von Informationen, die dem Gesprächspartner aus dem Lebenslauf bereits bekannt sein dürften. Der Einstieg mit den persönlichen Daten wirkt ziemlich steif. Die Selbstdarstellung enthält viele passiv wirkende Formulierungen, zum Beispiel „angestellt war ich", „erhielt ich die Möglichkeit". Der Kandidat erweckt dadurch einen eher passiven Eindruck, der mehr auf Fremd- als auf Selbstbestimmtheit hindeutet. Durch den Ausstieg mit den Hobbys belegt der Bewerber die „beste Sendezeit" mit einem unwichtigen Thema.

Interpretation der Antwort

Die Aussage bewegt sich zwar ungefähr im 90-Sekunden-Rahmen, wirklich bedeutsame Bewerberbotschaften enthält sie jedoch nicht.

Ein aussagekräftiger 90-Sekunden-Spot sollte folgende Informationen liefern:

• Eckpunkte der aktuellen Tätigkeit
• Motivation für die Bewerbung
• Belege für die Eignung (wichtige Erfahrungen und eventuell Stärken)

Die optimierte Version des 90-Sekunden-Spots von Herrn Hildebrand hört sich dann so an:

Antwort – Version 2: *„Aktuell leite ich bei der Winfried Sollmann GmbH den EDV-Bereich mit elf Mitarbeitern. Ich trage somit die Gesamtverantwortung für einen effizienten und reibungslosen IT-Betrieb. In den letzten sieben Jahren habe ich in dieser Funktion die IT-Infrastruktur komplett modernisiert und eine zukunftsweisende IT-Architektur aufgebaut. Ich verfüge über langjährige Erfahrung in der Projektleitung, in der Mitarbeiterführung und der Entwicklung von IT- und Organisationsstrategien. Gerade deshalb hat mich Ihr Stellenangebot angesprochen, da Sie als einen Schwerpunkt die Weiterentwicklung der IT-Strategie beschreiben. Interessant ist für mich darüber hinaus die Möglichkeit, an internationalen Pro-*

Beispiel

jekten mitzuwirken. Durch meine vorherige Tätigkeit bei der Unternehmensberatung Roland Boerne bin ich mit der Projektarbeit im internationalen Umfeld bestens vertraut und kenne die IT-Anforderungen im Dienstleistungssektor aus eigener Erfahrung. Ich bin jemand, der gerne plant und organisiert und würde mich selbst als durchsetzungsstarke und zielstrebige Persönlichkeit beschreiben. Insgesamt sehe ich zwischen meinen bisherigen Erfahrungen und dem von Ihnen beschriebenen Aufgabengebiet viele Parallelen, deshalb interessiere ich mich für diese Position."

Idealer Spot   Herr Hildebrand kann seine Selbstdarstellung in unterschiedlichen Kontexten einsetzen, nicht nur im Interview oder Telefoninterview, sondern ebenso als Kurzpräsentation in einem Assessment-Center. Steht dort mehr Zeit für eine Selbstpräsentation zur Verfügung, kann er den vorbereiteten 90-Sekunden-Spot erweitern, indem er möglichst viele Beispiele (PARs) einbaut.

Tipp	Entwickeln Sie jetzt Ihren persönlichen 90-Sekunden-Spot!

4. Telefonisches Interview

Ein Telefoninterview ersetzt nicht das persönliche Treffen, sondern findet bei manchen Arbeitgebern im Vorfeld als Erstgespräch statt. In erster Linie dient es der Vorselektion externer Bewerber. Läuft der Erstkontakt über einen Personalberater, ist das telefonische Interview nahezu Standard. Die Vorteile liegen in der höheren Effizienz und den geringeren Kosten auf dieser Auswahlstufe. Bei Telefoninterviews ist es üblich, zügig vorzugehen, sie dauern deshalb meist nicht länger als eine halbe Stunde. Das Telefonat findet oft als vollstrukturiertes Interview statt – der Gesprächspartner hat also einen Katalog mit vorbereiteten Interviewfragen, den er konsequent abarbeitet. Das Gespräch beginnt häufig mit der Aufforderung, sich kurz vorzustellen.

Auf folgende Besonderheiten sollten Sie sich bei einem Telefoninterview einstellen:

• straffere Gesprächsführung

- visuelle Informationen fehlen
- größere Bedeutung der Stimme

Interviewer gehen im Telefonat oft zügiger vor als beim persönlichen Gespräch, da zur Abarbeitung eines vordefinierten Fragenkataloges meist ein relativ knapp bemessenes Zeitfenster vorgesehen ist. Auf ein längeres Warm-up wird daher verzichtet, man kommt schneller zur Sache. Versuchen Sie deshalb, Ihre Antworten tendenziell ein wenig kürzer zu halten als im persönlichen Interview. Fragen Sie nach, ob der Sachverhalt klar ist oder ob Sie tiefer ins Detail gehen sollen. Wenn Sie zu Beginn aufgefordert werden, sich kurz vorzustellen, nutzen Sie Ihren 90-Sekunden-Spot – denn er enthält die wichtigsten Informationen in Kompaktform.

Straffere Gesprächsführung

Sofern das Interview nicht per Videotelefonie geführt wird, findet keine nonverbale Kommunikation statt, die im persönlichen Gespräch eine wichtige Rolle spielt. Da Signale wie körpersprachliche Zuwendung, Blickkontakt oder Kopfnicken nicht wahrgenommen werden, ist es manchmal schwieriger, auf der Beziehungsebene zueinander zu finden. Gesprächspausen sind im persönlichen Gespräch sofort interpretierbar, zum Beispiel als Zeichen von Aufmerksamkeit, Konzentration oder als kurze Denkpause. Im Telefonat sollten Sie solche Pausen vermeiden, da sie zu Irritationen führen können. Der Gesprächspartner glaubt, dass Sie in Ihren Aufzeichnungen erst einmal nach der richtigen Antwort suchen müssen oder abgelenkt sind. Wenn Sie wissen, wer mit Ihnen das Interview führt, dann recherchieren Sie nach einem Bild der Person. Es gibt Ihnen ein Gefühl der Sicherheit, wenn Sie einschätzen können, wie der Gesprächspartner aussieht. Auf der Unternehmenshomepage oder in sozialen Netzwerken wie Xing oder Facebook werden Sie in den meisten Fällen fündig.

Visuelle Informationen fehlen

Da die nonverbalen Informationen im Telefonat fehlen, wird die Stimme deutlich intensiver wahrgenommen und gewinnt eine noch größere Bedeutung. Die Informationen, die die Stimme liefert, werden vom Zuhörer unbewusst interpretiert. Sicher haben Sie diesen Effekt schon erlebt, dass Sie jemanden nur vom Telefon her kennen und auf der Grundlage der stimmlichen Informationen automatisch ein Bild erzeugt wird, wie diese Person aussehen könnte und welcher Typ Mensch sich dahinter verbirgt.

Größere Bedeutung der Stimme

Tipp

Die Stimme ist zudem ein sehr guter Stimmungsindikator. Die emotionale Verfassung eines Menschen überträgt sich ungewollt auf dessen Stimme. Sorgen Sie deshalb dafür, dass Sie sich in einem positiven emotionalen Zustand befinden. Bearbeiten Sie unmittelbar vor dem Telefonat keine Themen, über die Sie sich ärgern könnten. Gönnen Sie sich stattdessen eine viertel Stunde Auszeit, in der Sie sich bewusst mit angenehmen Dingen beschäftigen.

Wussten Sie übrigens, dass die Stimme im Stehen kraftvoller und dynamischer klingt? Ist der Gesprächspartner dagegen bequem in die Couch versunken, wirkt auch die Stimme ein wenig träge. Dies hat mit dem Muskeltonus und der Entfaltungsmöglichkeit von Brustkorb und Bauchraum zu tun. Wenn Sie es einrichten können und sich dabei wohlfühlen, dann führen Sie das Telefoninterview am besten stehend. Ihre Stimme wird dabei besser zur Geltung kommen.

5. Gehaltsverhandlung

Bei einem Vorstellungsgespräch im Rahmen einer externen Bewerbung geht es natürlich auch darum, die gegenseitige Erwartungshaltung bezüglich des Gehalts und der Eintrittskonditionen zu klären. Sie müssen damit rechnen, dass die Vergütung in der zweiten Hälfte des Gesprächs oder spätestens in einem Zweitgespräch thematisiert wird. Sofern Ihre Gehaltsvorstellung noch nicht in der schriftlichen Bewerbung abgefragt wurde, sollten Sie spätestens vor Antritt des Vorstellungsgesprächs Ihre Verhandlungsposition klar definiert haben. Es wird von Ihnen erwartet, dass Sie Ihren Marktwert kennen und einen konkreten Vorschlag unterbreiten können.

Tipp

Falls Sie bezüglich der Höhe noch unsicher sind, dann recherchieren Sie vorab gründlich, welche Bezüge für diese Position und Branche angemessen sind. Als ungefährer Anhaltspunkt gilt eine Steigerung von zehn bis 15 Prozent, die sich bei einem Wechsel aus einem ungekündigten Arbeitsverhältnis umsetzen lassen sollte.

Ziehen Sie eventuell einen Branchenkenner zurate, der besser einschätzen kann, ob sich Ihr Einkommenswunsch realisieren lässt. In manchen Fällen ist es sinnvoll, die Unterstützung eines Karriere-Coachs in Anspruch zu nehmen, um mit ihm gemeinsam eine geeignete Verhandlungsstrategie zu entwickeln.

Ich erlebe viele Kandidaten – auch gestandene Führungskräfte –, die sich davor scheuen, das Gehalts-Thema in einem Interview anzusprechen. Am liebsten wäre es ihnen, wenn der Arbeitgeber die Gehaltsfrage von sich aus anschneidet. Ab einem gewissen Gesprächsfortschritt ist es absolut legitim und zielführend, sich als Bewerber danach zu erkundigen, wie hoch die Position dotiert ist. Sind Sie erst einmal im letzten Drittel des Gesprächs angelangt und hatten die Möglichkeit, diverse Fragen zum Unternehmen und zum Verantwortungsbereich zu stellen, ist der richtige Moment für die Gehaltsfrage gekommen. **Keine falsche Zurückhaltung**

Von einem berufserfahrenen Bewerber kann man sogar erwarten, dass er den passenden Zeitpunkt erkennt und das Thema selbstbewusst einbringt. Immerhin handelt sich um sein ureigenes Interesse, nämlich die Gegenleistung für seine Tätigkeit. Bringen Sie die Frage nach der Vergütung ins Spiel, muss zunächst einmal Ihr Gesprächspartner antworten. Wahrscheinlich entlocken Sie dem Gesprächspartner damit tatsächlich ein konkretes Gehaltsangebot. Für Sie wäre dies eine komfortable Situation, weil damit eine Verhandlungsbasis geschaffen ist, auf die Sie nun eingehen können.

Womöglich bietet man Ihnen sogar etwas mehr an, als Sie gehofft haben. Seien Sie aber auch darauf gefasst, dass Ihr Gegenüber den Ball zurückspielt und Ihre Vorstellungen kennenlernen möchte. In diesem Fall müssen Sie Farbe bekennen und eine konkrete Zahl nennen. Gleiches gilt, wenn das Thema nicht von Ihnen, sondern von der Arbeitgeberseite eröffnet wird, und Sie direkt nach Ihrem Gehaltswunsch gefragt werden. Reagieren Sie hier bitte nicht mit der Gegenfrage, was man Ihnen anbieten würde, sondern nennen Sie einen Betrag. **Konkrete Zahl angeben**

Es ist üblich, die Gehaltsforderung als Gesamtbetrag des gewünschten Bruttojahresentgeltes anzugeben. Er beinhaltet dann bereits ein eventuelles 13. oder 14. Monatsgehalt sowie Urlaubs- und Weihnachtsgeld. Wie schon angedeutet: Verhandlungstaktisch ist es geschickter, einen festen Betrag anstatt einer Spanne anzugeben. Ausgangsbasis weiterer Verhandlungen wird sonst für den Arbeitgeber nämlich das untere Ende Ihrer Spanne sein. **Gewünschtes Jahresgehalt nennen**

Begründen Sie Ihre Gehaltsvorstellung nie mit Ihren persönlichen finanziellen Verpflichtungen oder mit einem bestimmten Lebensstandard. Stellen Sie Ihren Einkommenswunsch als angemessenen Gegenwert Ihrer Qualifikation, Ihrer Einsatzbereitschaft und Ihrer Berufserfahrung dar, die Sie für Ihren Arbeitgeber gewinnbringend einsetzen werden.

Aktuelle Vergütung Gut möglich, dass Sie nach Ihrer aktuellen Vergütung gefragt werden. Grundsätzlich gilt diese Frage zwar als unzulässig, weil sie meistens dazu genutzt wird, den Gehaltswunsch des Bewerbers als ungerechtfertigt erscheinen zu lassen. Erlaubt ist sie jedoch, wenn sie Aufschluss über den Stellenwert der aktuellen Position und die Höhe der Verantwortung geben kann. Bei vielen Führungskräften wäre diese Frage daher durchaus zulässig. Sie müssen nicht unbedingt mit einer konkreten Zahl antworten, sondern können auch eine ungefähre Größe angeben. Dabei bleibt es Ihnen überlassen, inwieweit Sie etwaige Prämien, Boni oder Tantiemen berücksichtigen oder ein wenig großzügiger auslegen.

Es wäre ungewöhnlich, wenn sofort Übereinstimmung über die Höhe des Gehalts erzielt würde. Liegen Ihre Vorstellungen noch weit auseinander, dann räumen Sie sich ruhig eine Bedenkzeit ein. In den wenigsten Fällen ist die spontane Entscheidung im Gespräch weder notwendig noch sinnvoll.

Geldwerte Vorteile Betrachten Sie die Gehaltshöhe nicht als die einzige Verhandlungsmasse. Deckt sich diese (noch) nicht mit Ihren Vorstellungen, lohnt es sich über Zusatzleistungen zu verhandeln. Abhängig von Branche und Position sind unterschiedliche geldwerte Vorteile als Verhandlungsgegenstand vorstellbar, zum Beispiel:

- Dienstwagen zur privaten Nutzung
- Bahncard bzw. Jahresticket
- Kostenbeteiligung oder -übernahme für ein Studium oder eine Weiterbildung
- betriebliche Altersvorsorge
- Direktversicherungen
- Aktienoptionen
- Umzugskosten

- Dienstwohnung am Einsatzort
- Familienheimfahrten

Zugeständnisse bei Zusatzleistungen sind für den Arbeitgeber oft leichter realisierbar als bei der nominalen Höhe des Gehalts. Unter Umständen ist es sinnvoll, für die Dauer der Probezeit eine Vergütung zu akzeptieren, die sich ein wenig unterhalb des Gehaltswunsches bewegt. Selbstverständlich muss dann vereinbart werden, dass mit Ablauf der Probezeit automatisch eine bestimmte Anhebung erfolgt.

Bei der Vergütung von Führungskräften sind in bestimmten Branchen variable und erfolgsabhängige Bestandteile üblich. Dann sollte nicht nur über den Anteil der variablen Komponente diskutiert, sondern ebenso deren Realisierbarkeit hinterfragt werden. Zielvorgaben, Messgrößen und Kriterien müssen genauestens definiert sein, um abschätzen zu können, inwiefern ein variabler Vergütungsbestandteil überhaupt attraktiv ist.

Vergütung bei Führungskräften

6. Interview innerhalb eines Assessment-Centers

Wie bereits erwähnt, ist es durchaus gängig, Assessment-Center (AC) und Interview miteinander zu verknüpfen. Unter dem Arbeitstitel „Strukturiertes Interview" ist es dann eine von mehreren Assessment-Center-Stationen, die Sie als Kandidat durchlaufen müssen. Aus eignungsdiagnostischer Sicht handelt es sich streng genommen um ein eigenständiges Instrument, da es auf dem Prinzip der Selbstauskunft basiert. Klassische Assessment-Center-Aufgaben funktionieren dagegen nach dem Simulationsprinzip. Hier werden erfolgskritische Situationen der Zielposition nachgestellt.

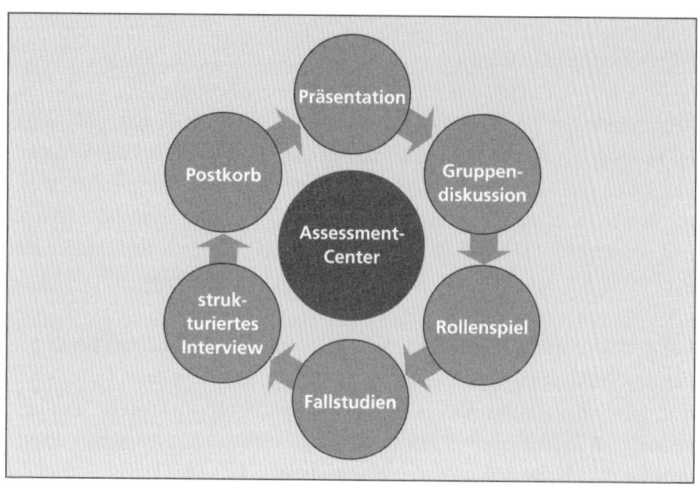

Auch unter Stress souverän und überzeugend argumentieren

Für Ihre inhaltliche Vorbereitung macht es zunächst einmal keinen Unterschied, ob es sich um ein eigenständiges Interview ohne AC oder um ein Modul innerhalb eines ACs handelt. Alle Empfehlungen und Strategien, die Sie in diesem Buch zur Beantwortung der Interviewfragen erhalten, können Sie selbstverständlich auf beide Interview-Situationen anwenden. Wer schon einmal ein Assessment-Center erlebt hat, weiß, dass es sich dabei um einen außergewöhnlichen Rahmen handelt, in dem das Interview eingebettet ist. Es gilt deshalb noch einige Besonderheiten zu berücksichtigen.

Einzel- und Gruppen-AC Ein Assessment-Center ist so aufgebaut, dass Sie nacheinander verschiedene Aufgaben innerhalb eines vorgegebenen Zeitfensters durchlaufen und dabei beobachtet werden. Nehmen Sie daran allein teil spricht man vom Einzel-Assessment, ansonsten vom Gruppen-Assessment. Bei den in der Grafik aufgelisteten Aufgaben handelt es sich um die sechs gebräuchlichsten Module. Selbstverständlich kann Ihr Auswahlverfahren von diesem Aufbau abweichen.

Rein statistisch betrachtet, beinhaltet jedes zweite Assessment-Center ein Interview-Modul. Bei vielen Assessment-Centern herrscht ein hoher Zeitdruck. Die Bearbeitungszeit für bestimmte Übungen ist knapp bemessen und der Ablauf oft so eng getaktet, dass er kaum Verschnaufpausen zulässt. So kann es sein, dass Sie gedanklich noch mit der letzten Aufgabe beschäftigt sind oder mit dem vermeintlich verpatzten Ergebnis hadern, obwohl Sie längst schon im Interview sitzen.

Interview im AC

> Für die Beantwortung der Interviewfragen, die Ihre volle Aufmerksamkeit und Konzentration erfordern, ist dies ein denkbar schlechter mentaler Ausgangszustand. Ganz gleich, wie die vorhergehende Aufgabe gelaufen ist: Nehmen Sie sich vor, sie gedanklich bewusst ad acta zu legen, Ihren persönlichen Frustrationspegel wieder auf null zu stellen und sich mit einer positiven Erwartungshaltung auf die Interviewer einzulassen.

Tipp

Gehen Sie davon aus, dass Ihr Stresspegel an einem Assessment-Center-Tag vermutlich noch höher sein wird, als bei einem normalen Interview-Termin. Eine gut angelegte Interviewvorbereitung zahlt sich deshalb in doppelter Hinsicht aus:

Vorbereitung wichtig

- Sie können so Ihre Botschaften auch unter Stress abrufen und sie selbst bei einem möglichen Formtief noch überzeugend vermitteln.
- Darüber hinaus trägt sie insgesamt dazu bei, dem ganzen Auswahlverfahren ein wenig souveräner und gelassener zu begegnen.

Erfahrungsgemäß ist gerade das strukturierte Interview im Vergleich zu manch anderem Assessment-Center-Modul eine recht gut kalkulierbare Größe. Mit einer guten inhaltlichen Vorbereitung bewegen Sie sich also schon einmal bei einem wichtigen AC-Modul auf relativ sicherem Terrain.

Querverbindungen zu anderen AC-Modulen

Manchmal knüpft das strukturierte Interview unmittelbar an eine Selbstpräsentation an. Diese bildet in einigen Assessment-Centern die Auftaktübung. Oft stellen die Beobachter im Anschluss Fragen zur Präsentation und leiten damit das Interview ein. Häufig findet das strukturierte Interview aber auch als eine der letzten Stationen statt. Dadurch

Selbstpräsentation

eröffnen sich aus Veranstaltersicht interessante Ansätze. Die Verhaltensbeobachtungen aus den vorausgegangenen Modulen ermöglichen einen stichprobenartigen Abgleich zu Ihren Aussagen im Interview. Falschspieler fliegen dabei schnell auf. Wer sich als kommunikationsstark und teamfähig darstellt, aber Rollenspiel und Gruppendiskussion eher schlecht als recht absolviert, erzeugt Widersprüche. Hier werden Kandidaten in Bedrängnis kommen, die unreflektiert ein paar wohlklingende Stärken für sich in Anspruch nehmen.

Wenn Sie bei der Definition Ihrer Stärken und Schwächen so vorgegangen sind wie im Kapitel „Die STÄRKen-Strategie" beschrieben, handelt es sich ohnehin um Ihre individuellen und authentischen Stärken. Konfrontiert man Sie dennoch einmal mit widersprüchlich erscheinenden Verhaltensbeobachtungen, ist das kein Grund zur Beunruhigung. Vernünftig vorbereitet, wird es Ihnen leichtfallen, diese mit eigenen Beispielen und Erfahrungen aufzulösen oder zu relativieren.

Die weitere interessante Möglichkeit besteht darin, im Interview vom Kandidaten eine Selbsteinschätzung zu seinem Verhalten in den vorausgegangenen Übungen einzufordern.

Beispiel

„Bitte nehmen Sie einmal dazu Stellung, wie Sie selbst Ihre Leistung im Mitarbeitergespräch sehen, das Sie heute Mittag geführt haben."

Selbsteinschätzung

Werden Sie nach einer Aufgabe von Beobachtern gefragt, wie Sie sich einschätzen, sollten Sie möglichst differenziert antworten. Spontane unüberlegte Antworten wie „Naja, ganz gut" oder „Ich denke, ich liege im Mittelfeld" fallen dann oft sehr pauschal und wenig aussagekräftig aus. Mit solchen Tendenz-zur-Mitte-Antworten drücken Sie so gut wie gar nichts aus, lediglich, dass es Ihnen schwer fällt, Ihre eigenen Leistungen zu reflektieren.

Um aussagekräftiger und differenzierter zu antworten, sollten Sie bei Ihrer Selbsteinschätzung folgende Punkte berücksichtigen:

- persönliches Ziel
- gute Teilbereiche
- weniger gute Teilbereiche

- Lernerfahrung
- Gesamtzufriedenheit

Eine der wichtigsten Regeln dabei lautet: Fassen Sie sich kurz! Ihre Selbsteinschätzung zum Mitarbeitergespräch sieht dann wie folgt aus:

„Es war mein Ziel, das Verspätungsproblem mit dem Mitarbeiter zu lösen. Ich denke, es ist mir gut gelungen, eine angenehme Gesprächsatmosphäre aufzubauen und trotzdem die Ernsthaftigkeit des Themas zu vermitteln. Bei der Ergründung der Ursachen für die Verspätung habe ich selbst zu viel geredet. Die Hintergründe wurden mir deshalb erst spät bewusst, das war nicht optimal. Beim nächsten Mal würde ich deshalb mehr offene Fragen stellen. Da wir eine gute Lösung gefunden haben, bin ich mit dem Gespräch insgesamt zufrieden."

Beispiel

Anstatt eine Aufgabe pauschal mit „gut gelaufen" oder „mittelmäßig" zu bewerten, ist es aussagekräftiger, wie im dargestellten Beispiel die guten und weniger guten Teilbereiche konkret zu benennen. So zeigen Sie, dass Sie in der Lage sind, differenziert zu reflektieren, und erkannt haben, woran Sie noch arbeiten müssen. Wenn Sie auf den weniger guten Teilbereich eingehen, ist es vorteilhaft, sich zu der auffälligsten Schwachstelle zu bekennen, die vermutlich auch für die Beobachter sichtbar war. Falls Sie das Gefühl haben, eine systematische Vorgehensweise sei bei der Durchführung nicht sichtbar geworden, nutzen Sie jetzt am besten die Gelegenheit, um die von Ihnen beabsichtigte Strategie noch einmal kurz aufzuzeigen.

Teilbereiche konkret benennen

Folgende Fehler können eine Selbsteinschätzung abwerten. Der Kandidat:

- erzählt den kompletten Verlauf der Aufgabe nach, anstatt sich auf wesentliche Punkte zu beschränken.
- macht Dritte für einen unbefriedigenden Ausgang verantwortlich (Beispiel: „Weil sich der Mitarbeiter so verhielt, konnte ich nicht …").
- reagiert überwiegend mit Pauschalaussagen oder Tendenz-zur-Mitte-Antworten.

Ob oder inwieweit eine Selbsteinschätzung das Gesamturteil der jeweiligen Aufgabe beeinflusst, lässt sich nicht allgemein beantworten. Die Bewertung kann sehr unterschiedlich gehandhabt werden. In manchen Assessment-Centern wird die Selbsteinschätzung als Zusatzinformation betrachtet und dann herangezogen, wenn in der abschließenden Beobachterkonferenz Unstimmigkeiten bei der Urteilsfindung auftreten. In erster Linie dient sie dazu, einen Eindruck zu erhalten, ob Sie zur Selbstreflexion fähig sind. Der Interviewer möchte herausfinden, ob Sie in der Lage sind, Ihre Leistung differenziert und halbwegs realistisch einzuschätzen. Nebenbei könnte diese Frage gleichzeitig zur Eröffnung des Themenblocks „Führungskompetenz" dienen.

Da es sich bei einem Assessment-Center um ein ausgesprochen komplexes Verfahren handelt, würde es den Rahmen sprengen, hier auf die übrigen AC-Module einzugehen. Als weiterführende Lektüre empfehle ich Ihnen das Buch „Assessment-Center erfolgreich bestehen. Das Standardwerk für anspruchsvolle Führungs- und Fach-Assessments". Es ist ein umfassendes Kompendium mit Lösungsstrategien für sämtliche Assessment-Center-Module. Es enthält zahlreiche Beispiele sowie anspruchsvolle Trainingsaufgaben.

Inhalte der beiliegenden CD-ROM

- Vordruck zur Entwicklung der PAR-Spots (als Word-Dokument und PDF)
- Vordruck zur Bearbeitung der Stärken und Schwächen (als Word-Dokument und PDF)
- Fragenkatalog zur Bearbeitung der 203 Interviewfragen (als Word-Dokument)

Über den Autor

Johannes Stärk befasst sich als Managementtrainer und Karriere-Coach seit über zehn Jahren mit Personalauswahl- und Karrierethemen. Er leitet als Inhaber das Beratungsunternehmen **Intertrainment** und bietet im deutschsprachigen Raum folgende Leistungen an:

* Vorbereitung auf Bewerbungs- und Potenzial-interviews
* Vorbereitung auf Assessment-Center
* Karriere-Coaching
* Führungskräftetraining und -coaching

Ausführliche Informationen unter:
* www.intertrainment.de
* www.intertrainment.ch

Kontakt:
Intertrainment
Parkstraße 27
D-82008 Unterhaching bei München
E-Mail: info@intertrainment.de
www.intertrainment.de
http://www.facebook.com/intertrainment

Literaturverzeichnis

- Faerber, Yvonne; Turck, Daniela; Vollstädt, Oliver: *Umgang mit schwierigen Mitarbeitern.* Planegg: Haufe, 2006
- Grünig, Carolin; Mielke, Gregor: *Präsentieren und Überzeugen. Das Kienbaum-Trainingskonzept.* Planegg: Haufe, 2004
- Hufnagl, Heidrun: *Multimodale Personalauswahl. Die erfolgreiche Alternative zum Assessment-Center.* Würzburg: Lexika, 2002
- Kanning, Uwe Peter; Hofer, Stefan; Schulze Willbrenning, Birgit: *Professionelle Personenbeurteilung. Ein Trainingsmanual.* Göttingen: Hogrefe, 2004
- Kießling-Sonntag, Jochem: *Handbuch Mitarbeiter-Gespräche.* Berlin: Cornelsen, 2000
- Kühn, Stephan; Platte, Iris; Wottawa, Heinrich: *Psychologische Theorien für Unternehmen.* Göttingen: Vandenhoeck & Ruprecht, 2. Auflage 2006
- Lorenz, Michael; Rohrschneider, Uta: *Praxishandbuch Mitarbeiterführung.* Freiburg, Haufe, 2008
- Lucas, Michael: *Effiziente Personalauswahl durch professionelle Interviewführung.* Renningen: expert verlag, 4. Auflage 2011
- Malik, Fredmund: *Führen, Leisten, Leben: Wirksames Management für eine neue Zeit.* Frankfurt: Campus, 2006
- Oppermann-Weber, Ursula: *Handbuch Führungspraxis.* Berlin: Cornelsen, 2004
- Oppermann-Weber, Ursula: *Mitarbeiterführung. Führungsansätze passend auswählen, Führungsinstrumente richtig einsetzen.* Mannheim: Bibliographisches Institut, 4. Auflage 2011
- Schneider, Arthur: *Mit den besten Interviewfragen die besten Mitarbeiter gewinnen.* Zürich: Praxium, 5. Auflage 2011
- Simon, Walter: *GABALs großer Methodenkoffer. Führung und Zusammenarbeit.* Offenbach: GABAL, 2. Auflage, 2009

- Stärk, Johannes: *Assessment-Center erfolgreich bestehen: Das Standardwerk für anspruchsvolle Führungs- und Fach-Assessments.* Offenbach: GABAL, 2. Auflage 2011
- Stärk, Johannes: *Selbstpräsentation: Crashkurs!* Berlin: Cornelsen, 2011
- Stärk, Johannes: *Überzeugend auftreten. Wie Sie sich selbst wirkungsvoll präsentieren.* Berlin: Cornelsen, 2008
- Sünderhauf, Katrin; Stumpf, Siegfried; Höft, Stefan: *Assessment-Center. Von der Auftragsklärung bis zur Qualitätssicherung.* Lengerich: Pabst, 2005
- Werth, Lioba: *Psychologie für die Wirtschaft. Grundlagen und Anwendungen.* München: Spektrum, 2004

Register

Business-Bücher für Erfolg und Karriere GABAL

Katja Kerschgens
Reden straffen statt Zuhörer strafen
ISBN 978-3-86936-187-1
€ 19,90 (D) / € 20,50 (A)

Gitte Härter
Sorry!
ISBN 978-3-86936-246-5
€ 17,90 (D) / € 18,50 (A)

Harald Scheerer
Endlich erfolgreich miteinander sprechen
ISBN 978-3-86936-241-0
€ 17,90 (D) / € 18,50 (A)

Patric P. Kutscher
Stimmtraining
ISBN 978-3-86936-247-2
€ 17,90 (D) / € 18,50 (A)

Claudia Fischer
Telefon Power
ISBN 978-3-86936-186-4
€ 17,90 (D) / € 18,50 (A)

Josef W. Seifert
Visualisieren Präsentieren Moderieren
ISBN 978-3-86936-240-3
€ 19,90 (D) / € 20,50 (A)

Elisabeth Ramelsberger,
Michael Rossié
Medientrainig kompakt
ISBN 978-3-86936-243-4
€ 19,90 (D) / € 20,50 (A)

Dorothee U. Lüttmann,
Patrick Schwarzkopf
Pimp up your Coffee Break
ISBN 978-3-86936-244-1
€ 19,90 (D) / € 20,50 (A)

Hartmut Laufer
Grundlagen erfolgreicher Mitarbeiterführung
ISBN 978-3-89749-548-7
€ 19,90 (D) / € 20,50 (A)

Johannes Stärk
Assessment-Center erfolgreich bestehen
ISBN 978-3-86936-184-0
€ 29,90 (D) / € 30,80 (A)

Chris Brügger,
Michael Hartschen,
Jiri Scherer
Simplicity.
ISBN 978-3-86936-245-8
€ 19,90 (D) / € 20,50 (A)

Aljoscha Long
Gib alles, was du hast – und du bekommst alles, was du willst
ISBN 978-3-86936-242-7
€ 19,90 (D) / € 20,50 (A)

Weitere Informationen finden Sie unter www.gabal-verlag.de

Management – fundiert und innovativ

Steve Kroeger
Die 7 Summits Strategie
ISBN 978-3-86936-229-8
€ 19,90 (D) / € 20,50 (A)

Markus Väth
**Feierabend hab ich,
wenn ich tot bin**
ISBN 978-3-86936-231-1
€ 19,90 (D) / € 20,50 (A)

David Allen
Ich schaff das!
ISBN 978-3-86936-178-9
€ 24,90 (D) / € 25,60 (A)

Brian Tracy
Keine Ausreden!
ISBN 978-3-86936-235-9
€ 29,90 (D) / € 30,80 (A)

Hans-Uwe L. Köhler
Die Perfekte Rede
ISBN 978-3-86936-228-1
€ 24,90 (D) / € 25,60 (A)

Svenja Hofert
Das Slow-Grow-Prinzip
ISBN 978-3-86936-236-6
€ 24,90 (D) / € 25,60 (A)

Andreas Buhr
Vertrieb geht heute anders
ISBN 978-3-86936-230-4
€ 29,90 (D) / € 30,80 (A)

Tom Peters
The Little Big Things
ISBN 978-3-86936-171-0
€ 29,90 (D) / € 30,80 (A)

Stefan Merath
**Die Kunst seine Kunden
zu Lieben**
ISBN 978-3-86936-176-5
€ 29,90 (D) / € 30,80 (A)

Weitere Informationen finden Sie unter www.gabal-verlag.de

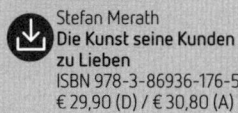

Unsere Covey-Bestseller

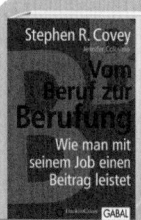
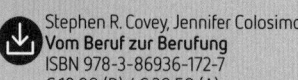

Stephen R. Covey, Jennifer Colosimo
Vom Beruf zur Berufung
ISBN 978-3-86936-172-7
€ 19,90 (D) / € 20,50 (A)

S. M. R. Covey, R. R. Merrill
Schnelligkeit durch Vertrauen
ISBN 978-3-89749-908-9
€ 29,90 (D) / € 30,80 (A)

Stephen R. Covey, Bob Whitman
Führen unter neuen Bedingungen
ISBN 978-3-86936-050-8
€ 19,90 (D) / € 20,50 (A)

Stephen R. Covey
Die 7 Wege zur Effektivität
ISBN 978-3-89749-573-9
€ 24,90 (D) / € 25,60 (A)

Stephen R. Covey
Der 8. Weg
ISBN 978-3-89749-574-6
€ 29,90 (D) / € 30,80 (A)

Stephen R. Covey
Die 7 Wege zur Effektivität Workbook
ISBN 978-3-86936-106-2
€ 19,90 (D) / € 20,50 (A)

Stephen R. Covey
Die 7 Wege zur Effektivität für Familien
ISBN 978-3-89749-889-1
€ 59,90 (D/A)

Sean Covey
Die 7 Wege zur Effektivität für Jugendliche
ISBN 978-3-89749-825-9
€ 49,90 (D/A)

Stephen R. Covey
Die 7 Wege zur Effektivität für Manager
ISBN 978-3-89749-890-7
€ 29,90 (D/A)

Stephen R. Covey,
Stephen M. R. Covey,
Über Vertrauen
ISBN 978-3-86936-093-5
€ 29,90 (D/A)

Sean Covey
How to Develop Your Personal Mission Statement
ISBN 978-3-86936-092-8
€ 19,90 (D/A)

Stephen R. Covey
Focus: Achieving Your Highest Priorities
ISBN 978-3-86936-031-7
€ 29,90 (D/A)

Weitere Informationen finden Sie unter www.gabal-verlag.de